MC **Measurement & Control**
BASIC **計測器 BASIC**

しくみを知れば真の波形が見えてくる！今どき機能にパワエレまで

改訂新版

ディジタル・オシロスコープ 実践活用法

天野 典 著

CQ出版社

まえがき

　小学生の頃，マーブル・チョコレートの筒に巻いたコイル，ポリ・バリコン，ゲルマニウム・ダイオードで作ったゲルマニウム・ダイオードのラジオから聞こえてきたアナウンサの声，それが私をエレクトロニクスの世界に引き入れました．今から40年以上前のことです．

　眼には見ることができない「電気」を測りたい．お小遣いで入手したものが，アナログ式のテスタでした．DC/AC電圧，DC電流，抵抗しか測れませんでしたが，抵抗モードでダイオードやトランジスタの不良を見分けたりして，少ない情報からあれこれ，電気の働きを知る手がかりを得ることができました．

　当時は電気の動きが「眼で見える」オシロスコープはエンジニアでも高根の花の存在，アマチュアが入手できるものではありませんでした．何とか自作で間に合わせたのがグリッド・ディップ・メータでした．

　長年，電子計測の世界で仕事をしてきました．アナログ・オシロスコープの絶頂期，そしてディジタル・オシロスコープへ．オシロスコープの構造は変わり，周波数帯域等の性能は飛躍的に高くなり，ジッタ解析やディジタル変調解析などいろいろな解析機能を搭載できる機種も増えてきました．

　しかしオシロスコープの性能，機能を100%使いこなせているかどうかというと，自信をもって「YES」といえる方は多くないのでは？と思います．

　本書ではオシロスコープを使いはじめた初心者の方から，普段オシロスコープをお使いの方を対象に，基本計測器クラスのオシロスコープの性能・機能を100%引き出して，できる限り正しい波形計測ができるように解説します．

　ロジック信号が高速になり，アナログ的な挙動を正しく捉えることがデバッグの早道です．取り扱い説明を読んでもなかなか読み取れない，この使いこなしテクニックを身につけることができると，高速シリアル信号を扱うGHzクラスのオシロスコープを使いこなすこともさほど難しいことではなくなると思います．

2010年春　天野　典

2

改訂新版へのまえがき

2010年の初版発行から10年以上が経ちました．おかげさまで版を重ね，多くのエレクトロニクスにかかわる方々の手に取っていただけました．

初版は個人でも無理をしてギリギリ購入できそうな「20万円のオシロをいかに100％以上使いこなすか」をテーマに執筆しました．そのため周波数帯域100MHz以下，2チャネルまたは4チャネルのモデル，具体的にはテクトロニクス社のTDS2012Bを題材にしました．

オシロスープによる波形観測の基本テクニックは大きく変わることがない一方で，性能は大きく向上しました．特に中国メーカの製品を中心に，個人でも購入しやすい価格になってきました．10年前には企業が設備として導入していたのと同等な性能/機能を持つ製品が手に届くようになっています．例えば周波数帯域200MHz超，4チャネル，ロング・メモリのモデルが十数万円で入手できます．拡張トリガ，I^2C，SPI等，シリアル・バスのトリガ/解析等の機能も搭載されるようになりました．

今回の改定では，従来なら上位機種に限られていた性能/機能の使い方を追加するとともに，最近測定機会の増えたパワー・エレクトロニクス分野や，高速化しつつあるロジック回路における波形観測についても言及しました．これらの分野で波形観測をより正しく行うためには，オシロスコープだけでなく，適切なプローブを選定し，適切に使うことが欠かせません．今回はプロービング・テクニックについても多くのページを割きました．

なお，改訂前はオシロスコープの画面全体のスクリーンショットを掲載しましたが，最近は画面が精細になる一方で文字が小さくなり，誌面の制約もあって画面全体を掲載するのが難しいため，説明に応じて画面の抜粋を示すに留めたことをご理解いただきたいと存じます．

本書が，オシロスコープを駆使した，より正確な波形観測への一助になることを願っています．

天野 典

目次

イントロダクション
信号波形を「正しく」測定する
テクニック習得のススメ

　本書の目的は，オシロスコープの性能や機能を100%発揮し使いこなして，電子回路の真の波形を捕らえることです．そのためには，測定器本体やプローブのしくみから理解する必要があります．

　動作原理が理解できればスイッチやつまみを設定する意味が分かり，誤った計測をする危険性を大幅に減らせます．逆にしくみを理解していないと，正しく観測できていないかもしれません．

0.1　AUTOやプローブを理解していないとどんな目に遭うか

0.1.1　AUTO機能のしくみを理解していないとどんな目に遭うか

　オシロスコープに付いている［オート・セット］ボタンを押せば，電圧感度や時間軸設定などを波形に応じて設定してくれるので簡単に波形が現れます．

　でも，ちょっと待ってください！

　［オート・セット］ボタンはとりあえず波形を表示するだけで，ほとんどの場合は適切なレンジに設定しなおす必要があります．**図0.1**に，トリガ信号の選択チャネルが最適ではないためにチャネル間の信号の時間関係が分からなくなった例を示します．

0.1.2　プローブのしくみを理解していないとどんな目に遭うか
●グラウンド線が長い

　被測定回路とオシロスコープ本体はプローブで結ばれています．プローブには信号を入力する先端部分と，基準電圧（グラウンド）をとるためのリード線があります．

　リード線は必ずインダクタンスを持ちます．そのためプローブの入力容量と共振回路を形成し，急峻な電圧変化をする信号が入力された場合，本来存在しない振動（リンギング）を表示するおそれがあります．**図0.2**にプローブのグラウンド線のインダクタンス成分によりオーバーシュート波形を観測した例を，**写真0.1**に測定に使ったプローブを示します．

　グラウンド線はインダクタンスを下げるため，最短にする必要があります．最短の線はメッキ線などで簡単に自作できます．またグラウンド線は外来ノイズを拾うアンテナにもなり得るので，周波数が低い場合でもできる限り最短にする必要があります．

●周波数特性の校正が必要

　信号をオシロスコープに導く場合，付属のプローブではなく単なる同軸ケーブルを使うと，オシロスコープの入力端子が持つ入力容量（通常10p～数十pF程度）に，同軸ケーブルの持つ容量（一般に

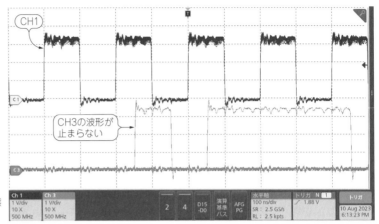

（**a**）［オート・セット］ボタンを押した状態
（100 ns/div）

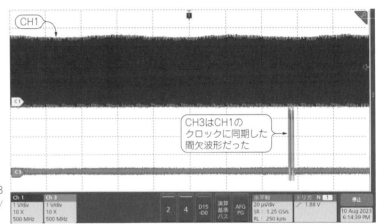

（**b**）（**a**）から時間レンジを長くとるとCH3の波形が止まらない理由が見えた（20 μs/div）

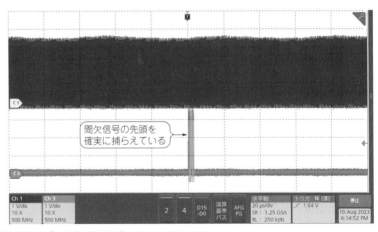

（**c**）トリガをCH3に選択（20 μs/div）

図0.1 ［オート・セット］ボタンは便利だが必ずしも最適な設定になるわけではない
オート・セットで CH1 のクロックにトリガをかけてしまうと，測定対象の CH3 の波形を測定できない

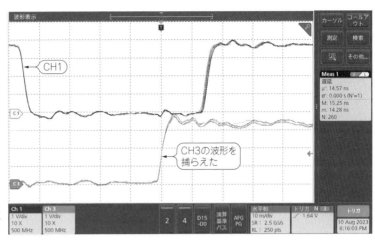

(d) CH1とCH3の時間関係が分かるように
なる（10 ns/div）

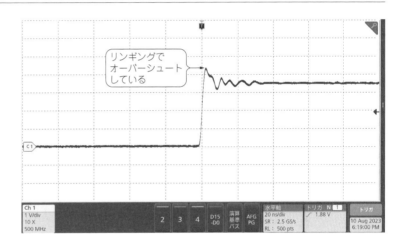

(a) 標準プローブのグラウンド線

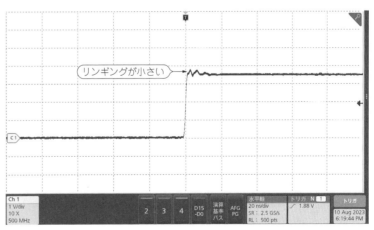

(b) 最短のグラウンド線

図0.2　プローブのグラウンド線が長すぎるとインダクタンス成分によりオーバーシュートのある波形を観測してしまう
プローブの入力容量とグラウンド線のインダクタンスで共振回路を構成し，急峻なパルスを測定した場合にリンギングを発生する

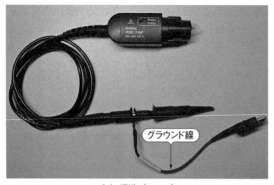
（a）標準プローブ

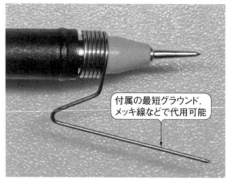

付属の最短グラウンド.
メッキ線などで代用可能

（b）最短グラウンド線

写真0.1　図0.2のグラウンド線の影響（測定に使ったプローブ）

100pF/m程度）が加わります．このため回路の動作に影響を与えるだけでなく周波数帯域を確保できなくなります．

　標準的な10：1のプローブは電圧感度を1/10にしてまでもプローブの入力容量を低減することを優先しています．プローブの減衰比は直流だけでなくあらゆる周波数で一定でなければ波形がひずんでしまいます．

　この補正をするために，プローブには**写真0.2**（**a**）に示すように半固定コンデンサが，そしてオシロスコープには**写真0.2**（**b**）に示すように校正信号の出力端子が用意されています．**図0.3**に周波数特性を校正していないため波形がひずんだ例を示します．

オシロスコープへ

調整ねじ

（a）プローブの半固定コンデンサ

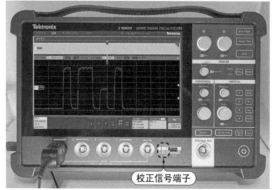

校正信号端子

（b）オシロスコープの校正信号端子

写真0.2　プローブの周波数特性はオシロスコープの校正信号出力を使い半固定コンデンサで校正する

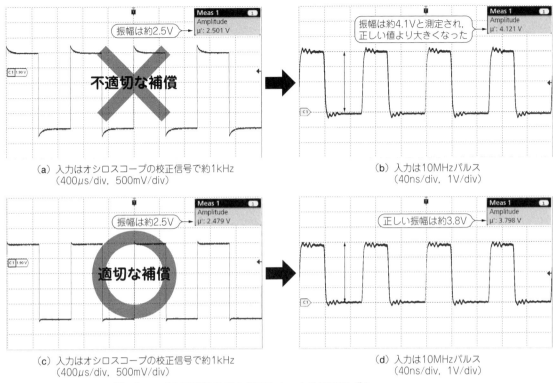

（a）入力はオシロスコープの校正信号で約1kHz
　　　（400μs/div，500mV/div）

（b）入力は10MHzパルス
　　　（40ns/div，1V/div）

（c）入力はオシロスコープの校正信号で約1kHz
　　　（400μs/div，500mV/div）

（d）入力は10MHzパルス
　　　（40ns/div，1V/div）

図0.3　オシロスコープとプローブの周波数特性を校正しないと波形がひずむ
校正用信号の振幅は製品によって異なる

0.2　オシロの機能を理解すれば「正しく」測定できる

0.2.1　正しくトリガをかけられれば正しい波形が得られる

　信号波形は，信号成分＋ノイズと考えられます．同じ信号が繰返し来る場合には，正しくトリガをかけ，複数回取り込んだ波形を平均化（アベレージ）するとノイズ成分を減らせます．安定した測定結果が得られるため，波形の各種パラメータを測定する場合には大変有効な手法です．

　しかし，ノイズが多い波形は本来安定したトリガがかかりにくい信号です．アベレージでは1回でもトリガ・ミスが発生するとデータの信頼性がなくなります．このためアベレージを行う際には安定したトリガがかけられるテクニックが必要になります．

　図0.4に，ノイズにより繰り返し波形に対して同じタイミングでトリガがかかっていない状態でアベレージしたため，振幅が減ってしまった例を示します．図0.5に，オシロスコープのフィルタ機能を活用することでノイズだけ除去した信号をトリガに使って正しく振幅を測定できた例を示します．

0.2.2　サンプル・レートを適切に選ぶべし

　信号の最も変化の速い部分に数ポイントは取れるようにサンプル・レート（サンプル間隔の逆数）を設定しなければ正しく波形を観測できません．図0.6に，サンプル・レートを考慮しなかったため正し

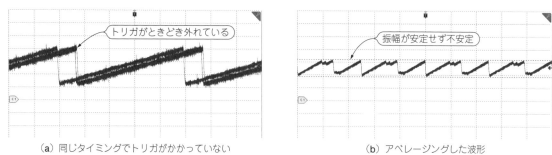

(a) 同じタイミングでトリガがかかっていない　　　　　　　　(b) アベレージングした波形

図0.4　ノイズにより繰り返し波形に同じタイミングでトリガがかかっていない状態でアベレージすると振幅が減ってしまった（100 mV/div，40 μs/div）

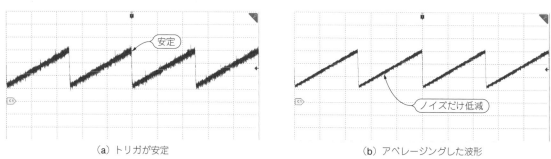

(a) トリガが安定　　　　　　　　　　　　　　　　(b) アベレージングした波形

図0.5　オシロスコープのフィルタ機能を使ってノイズを除去した波形でトリガを確実にかけてアベレージするとノイズだけを除去できた（200 mV/div，50 μs/div）

い波形を観測できなかった例を示します．

　ディジタル・オシロスコープのサンプル・レートは時間軸設定とレコード長により自動的に設定されます．長い時間を記録する場合にはレコード長を長くするか，サンプル・レートを遅くしてサンプル間隔を長くするしかありません．レコード長には制限があるので，長い時間記録しようと思って時間軸を遅くすると，サンプル間隔が広くなり，信号の変化に追いつかなくなります．この場合に水平方向のズーム拡大をしても本当の波形は表示されません．画素の少ない写真を拡大しても細かい画像の変化が分からないのと同じことが起こります．

0.2.3　しくみを理解すれば見えない波形も見えてくる

　アナログ・オシロスコープは波形更新速度が極めて高速です．波形の変化を忠実に観測できると思われている人もいるかもしれません．しかし，発生頻度の低い信号は，取り込まれても電子ビームのエネルギがブラウン管を発光させるほど高まらないため実際には見ることができません（輝度を高めた製品もあるが，非常に高価）．

　ディジタル・オシロスコープは取り込んだ波形データの処理にかかる時間が大きいため，発生頻度の低い波形を取り込める確率は低いのですが，1回でも取り込めれば必ず表示できます．使い方を工夫することで，**図0.7**のようにアナログ・オシロスコープでは見れなかった波形の観測も可能になります．

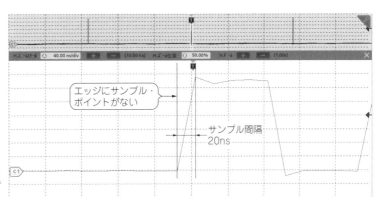

（a）サンプル・レート50MS/sで取り込んだ波形（40ns/div）

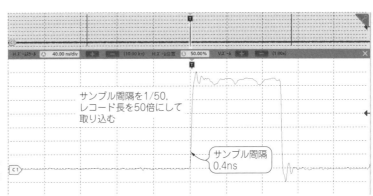

（b）レコード長を長くし，サンプル・レートを2.5Gサンプル/秒（S/s）にした波形（40ns/div）

図0.6　サンプル・レートが足りない状態で波形をズームしても正しい波形を観測できない

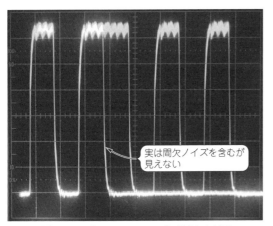

（a）アナログ・オシロスコープで測定した波形

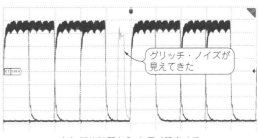

（b）残光時間を2sと長く設定する

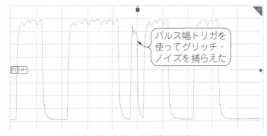

（c）パルス幅トリガ機能を使う

図0.7　ディジタル・オシロスコープならではの機能を駆使すれば波形取り込みレートが高いアナログ・オシロスコープでも見えなかった波形が見えてくる

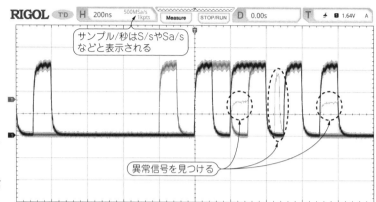

図0.8 高速波形取り込みレート
（1V/div，200ns/div；500MS/s，
1kpts）
高速化することで稀にしか起こらない信号を確認できる確率が高まる

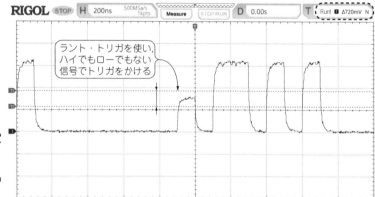

図0.9 ラント・トリガの閾値設定
（1V/div，200ns/div；500MS/s，
1kpts）
ラント・トリガを使うとハイとローの中間振幅の信号を捕らえることができる

0.3 いまどきディジタル・オシロスコープの機能も生かすべし

ひと昔前に比べて現代のオシロスコープの性能は大きく進化しました．従来のシンプルな製品は大幅にコスト・ダウンする一方，入門機の価格帯で周波数帯域の向上はもちろんのこと，下記のような点が大幅に強化されました．

- 波形取り込みの高速化
- トリガ機能の充実
- 波形レコード長のロング化

これらの強化された性能や機能を駆使することで，トラブルシューティング，とくに組み込み機器のトラブルシューティングの効率を格段に向上できます．

0.3.1 異常信号を発見できる高速波形取り込みレート

オシロスコープは，

トリガ⇒波形をメモリに取り込み⇒波形処理⇒表示

を繰り返します．波形処理時間を高速化することで繰り返し動作を高速化し，まれにしか発生しない異常信号を確認できる確率が高まります（**図0.8**）．

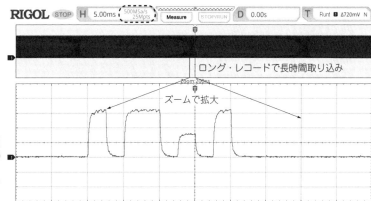

図0.10　ロング・レコードで長時間取り込む（1V/div, 5ms/div；500 MS/s, 25Mpts）
この例では500MS/sの高速サンプルで50msを記録できる

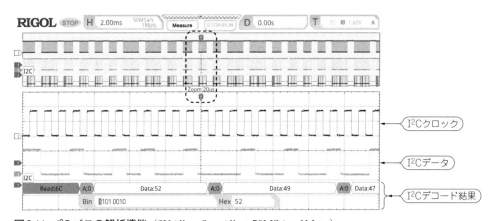

図0.11　I^2Cバスの解析機能（2V/div, 2ms/div；50MS/s, 1Mpts）
簡単には解読できないI^2Cの信号を簡単にトリガ＆デコードすることでトラブルシューティングを効率的に行える

0.3.2　拡張トリガを使いピン・ポイントでトリガ

　ロジック的にハイでもローでもない信号が見つかったので，拡張トリガ，ラント（切り株の意味）トリガを活用し，ピン・ポイントで取り込みます（**図0.9**）．

0.3.3　ロング・レコードで長時間記録

　さらにレコード長を長くすることで，サンプル・レートを落とすことなく長時間の取り込みが可能になります（**図0.10**）．

0.3.4　シリアル・バスのトリガ＆解析機能

　原因となる疑わしい信号を他のチャネルで同時に取り込む，たとえばI^2Cなどのコントロール・バスを取り込みデコードすることでトラブルシューティングを効率よく進めることができます（**図0.11**）．

Appendix A
オシロスコープの操作パネルと機能

● 操作パネルは大きく三つの機能をもつ

オシロスコープの操作パネルを**写真A.1**, **写真A.2**に示します. 大きく三つの部分に分けられます.

- 垂直軸 (電圧軸) のコントロール
- 水平軸 (時間軸) のコントロール
- トリガのコントロール

以上の設定を適切にすることで, カーソルによる読み取り, 自動パラメータ演算, 波形演算などでの計測確度を向上できます.

● 電源はできるだけグラウンドを取る

電源が3ピンで来ている場合に, 3-2アダプタでオシロスコープのグラウンドを浮かす方法は正しくありません. 感電の危険や機器の破損, 誤測定の可能性もあります. **写真A.3**の3-2アダプタから生えているケーブルは別途グラウンドをとるためのものです. どうしても電源を浮かしたい場合は差動測定としましょう.

● 精度を高めるためにも2～30分程度のウォーミング・アップが必要

電源をONし, すぐに使うと精度を得られないことがあります.

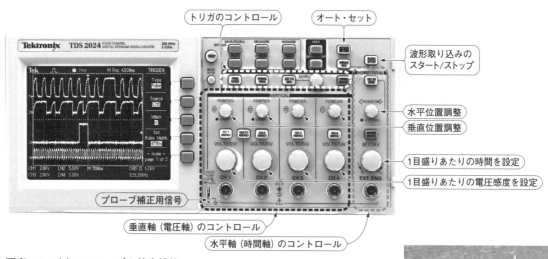

写真A.1　オシロスコープの基本機能
資料提供：㈱テクトロニクス＆フルーク

写真A.3　電源のグラウンドはなるべく
取るようにし3-2アダプタは使わない

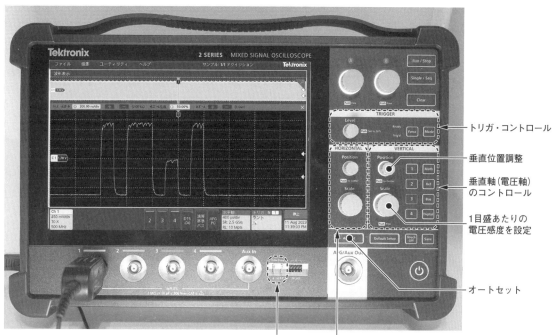

トリガ・コントロール

垂直位置調整

垂直軸（電圧軸）
のコントロール

1目盛あたりの
電圧感度を設定

オートセット

プローブ校正信号　水平軸のコントロール

（a）例1

水平軸（時間軸）のコントロール

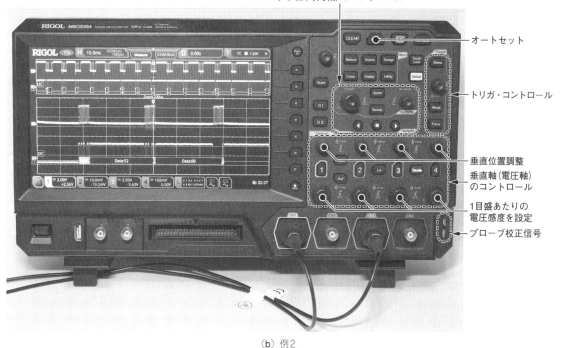

オートセット

トリガ・コントロール

垂直位置調整

垂直軸（電圧軸）
のコントロール

1目盛あたりの
電圧感度を設定

プローブ校正信号

（b）例2

写真A.2　オシロスコープの操作パネルは機種によって微妙に違う

Appendix B
オシロスコープ選択時に知っておきたいポイント

●仕様の読み方

電子計測器を選ぶとき，仕様を比較して少しでも性能が高いものを，ということになります．オシロスコープの性能を比較するときは次の性能に目が行きます．

- 周波数帯域
- 最高サンプル・レート
- レコード長

そして，二つのことに注意しましょう．

1. 使用するチャネル数を変えると，最高サンプル・レートとレコード長が変わるのかどうか
2. 変わる場合には使用上の問題はないのか

最高サンプル・レートや最高レコード長が実現できるのは1チャネル使用時だけ，ということが少なくありません．例えば，

- 周波数帯域200 MHz
- 最高サンプル・レート1 GS/s（1チャネル時．2チャネル使用時は500 MS/s）
- 最高レコード長　10 kポイント（1チャネル時．2チャネル使用時は5 k）

という製品は，2チャネル動作時に図B.1 (a) の様に二つのチャネルが独立して動作しているでしょう．

1チャネル動作時は図B.1 (b) のように二つのチャネルをマージして動作します．

ここで注意すべき点は2チャネル使用時のサンプル・レートが500 MS/sという点です．200 MHzという周波数帯域を生かすにはぎりぎり，できれば1 GS/sは欲しいところです．

すべてのチャネルを使っているときの最高サンプル・レートやレコード長が必要十分な性能を持っていて，さらにチャネルを減らしたときに，より高速に，より長く，というのなら全く問題はないでしょう．

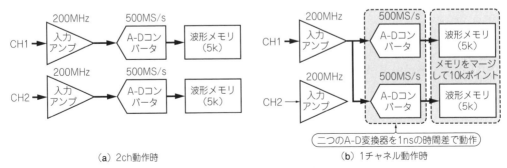

（a）2ch動作時　　　　　　　　（b）1チャネル動作時

図B.1　最高サンプル・レート/レコード長は1チャネル使用時だけ…というオシロスコープが少なくない

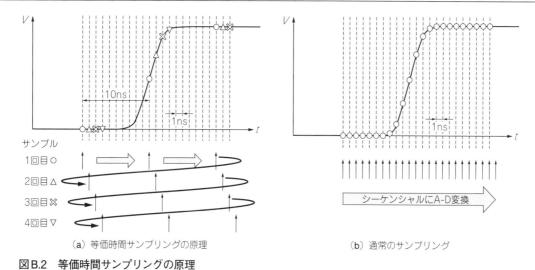

（a）等価時間サンプリングの原理　　　　（b）通常のサンプリング

図B.2　等価時間サンプリングの原理

● **実時間サンプルと等価時間サンプル**

　これまで解説してきたサンプリングの手法は，実時間サンプルと呼ばれます．実時間サンプリング，リアルタイム・サンプリング，シーケンシャル・サンプリングと呼ばれることもあります．

　A-D変換器のサンプル・レートが，入力信号の最高周波数成分に対応できるだけの速度を持っている場合は良いのですが，ディジタル・オシロスコープが登場してから極最近までは，サンプル・レートが必ずしも十分な速度を持っているとは限りませんでした．

　今から20年程前の，周波数帯域1GHzで当時としては高性能な4チャネルのオシロスコープでも，A-D変換器は各チャネルに500MS/s，4chをマージして1チャネル時に2GS/sを実現していました．1チャネル使用時でもサンプル・レートは十分ではなく，2チャネル以上を使った場合には明らかにサンプル・レートが足りません．

　そのために使われたのが，等価時間サンプルという手法です．これは波形を繰り返し，サンプル・ポイントを少しだけずらしながら何回も取り込んで波形全体を表現する手法です．ずらす時間が時間分解能，その逆数が等価時間サンプル・レートになります．

　図B.2（a）は100MS/sのA-D変換器（10ns分解能）を使って1GS/s（1ns分解能）を実現した例です．

　この手法はA-D変換器の持つ最高サンプル・レートに依存せずに，高時間分解能が実現できます．しかし入力される信号は繰り返されることが前提になります．ただ，単純な繰り返し波形でなくとも，データ信号のようなビット列でも書き加えモードで表示すれば波形を観測できます．

　現在ではA-D変換器のサンプル・レートが飛躍的に向上したため，等価時間サンプル・モードを搭載しない製品も増えてきました．

時々刻々と変化する信号を測定する
ディジタル・オシロ

1.1　目的は電圧の時間変化を波形で表示すること

1.1.1　波形を表示する計測器はいくつかある

　オシロスコープと同じように波形を観測する専用計測器がいくつかあります．たとえば地震計です．古くは地震の振れで動かないように慣性の大きなおもりにペンを取り付け，地震の揺れに合わせて動く記録紙に地震波形を描きました（**図1.1**）．

　健康診断での定番，心電図もセンサで捕えた信号波形を記録し心臓の動きを診断します．これらもオシロスコープの仲間でしょう．

　テレビのニュース番組で時々目にする，ビデオ信号の監視に使われる「波形モニタ」も特殊なオシロスコープと言えるでしょう．

1.1.2　オシロスコープは高速な信号を扱える

　地震計や心電図のようなHzオーダの信号を記録するにはペン・レコーダのような「メカ」でも可能ですが，幅広い電気信号を扱うオシロスコープはけた違いに高速な信号も扱います．

　そのために，従来のオシロスコープは質量の極めて軽い「電子」を動かしました．それはブラウン管を表示部に使ったもので，アナログ・オシロスコープとして今でも一部で使われています（**写真1.1**）．

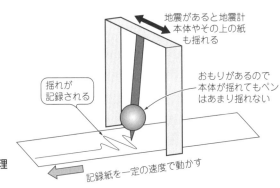

図1.1　地震計の原理
時間波形を記録する

写真1.1　アナログ・オシロスコープ
入力された信号の時間変化を波形でブラ
ウン管に表示できた．SS-7810A（岩崎
通信機）

1.1.3　アナログ・オシロは絶滅！ますます進化するディジタル・オシロスコープ

　A-D変換器が波形を記憶する計測器に使われ始めて半世紀が経ち，ブラウン管を使ったオシロスコープがディジタル・オシロスコープに置き換えられてきました．本書ではオシロスコープへの理解を含めるためにブラウン管を使用したアナログ・オシロスコープ，その派生製品についても説明しています．ディジタル化によりいったんは失った機能，アナログ表示のエッセンスをディジタル技術で再現したことも少なくありません．

　特にA-D変換器の高速化とロング・レコードの実現による高時間分解能と記録時間の両立，頻度の低い信号の発見，多チャネル化，ロジック入力の追加などを駆使することで電気信号の把握，解析能力は大きく向上しました．

1.2　被測定信号に対して「サンプリング周波数」は2倍以上必要

1.2.1　ディジタル・オシロスコープに内蔵されているA-D変換器

　オシロスコープでは変化する波形を相手にするため，A-D変換器は入力信号の変化に追随できるだけのスピードで動かなければなりません．では，どれくらいの速度でA-D変換をすればよいのでしょうか．

　ここで「標本化定理（サンプリング定理）」が登場します．オシロスコープに限らず，波形のディジタル化に切っても切れない定理ですから，ここで理解しておきましょう．

　標本化定理とは簡単に言うと，以下のようなものです．

　あるアナログ的な信号をサンプリングする場合，原信号に含まれる周波数成分をすべて正確にサンプリングするためには，最高の周波数成分の2倍以上のサンプリング周波数が必要となる．

　被測定信号とサンプリング周波数の関係を**図1.2**に示します．信号（被測定信号）はたくさんの周波数成分から出来上がっています．その最高周波数成分の周波数は，サンプリング周波数の1/2（ナイキスト周波数と言う）以下でなければなりません．この条件が満たされていれば信号は記録できることになります．なお，計測器ではサンプリング周波数のことをサンプル・レートと呼ぶことが多いようです．単位はS（サンプル）/s（秒）です．

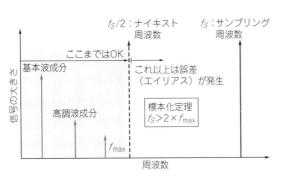

図1.2 被測定信号とサンプリング周波数の関係
サンプリング周波数の半分以上の信号があると誤差になる

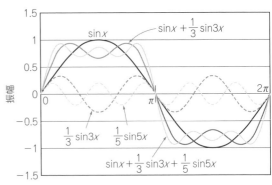

図1.3 5次までのフーリエ級数
高次まで加えるほど，方形波に近付く

　オシロスコープの主要性能には「周波数帯域」と「サンプル・レート」がありますが，バランスという点からは周波数帯域の5倍程度のサンプル・レートが良いと思います．詳しくは後述します．

1.2.2 繰り返し信号は正弦波の集まり

　ここで信号を周波数という軸で考えてみましょう．周波数が一定の正弦波（sin波）の場合，スペクトラム（周波数成分）は一つだけ，その周波数だけです．

　ところが，我々がよく扱う方形波は基本繰り返し周波数成分だけではなく，たくさんの高調波成分を含んでいます．方形波を数式で書くと，次のようなフーリエ級数で表現できます．

$$f(x) = \sin(x) + \frac{1}{3}\sin(3x) + \frac{1}{5}\sin(5x) + \cdots$$

　つまり「方形波は基本波と高調波成分に分解できる」，逆に言うと「基本波に奇数次の高調波を無限に足していくと方形波になる」ということです．

　このことは表計算ソフトウェアのExcelを使って検証できます．Excelを使って正弦波の1周期，周波数が3倍で振幅が1/3，周波数が5倍で振幅が1/5を作り，加算した波形が**図1.3**です．さらに無限に高調波成分を加えていけば最終的に方形波になります．

　波形の立ち上がり／立ち下がり部分には高調波成分が影響を与えています．つまり立ち上がり／立ち下がりが急峻な信号ほど，高次の高調波成分を持っていることになります．

　最近のオシロスコープにはFFT（Fast Fourier Transform）機能が付いているものが増えてきました．**図1.4**は10MHzのクロック信号波形とそのFFT演算の結果です．

　FFT表示の縦軸は，通常の表示とは違って1目盛り当たり20dBの対数目盛りであることに注意しましょう．この例では10MHzクロックの基本波成分（10MHz）と第9高調波成分（90MHz）では約20dB（1/10）の差があることが分かります．

　2次，4次といった偶数次の高調波も，レベルは下がりますが含まれていることが分かります．これは信号のデューティ比が50％ではないためと思われます（使用したオシロスコープの周波数帯域は500MHzなので，高域については周波数帯域の影響を考慮する必要がある）．パルス波の立ち上がり／立ち下がり時間は有限ですから，次数が高い高調波成分は大幅に減衰しています．

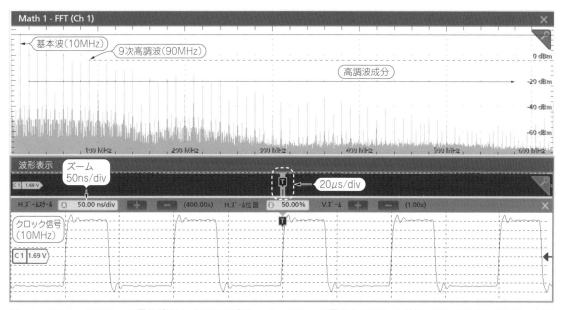

図1.4　10MHzのクロック信号波形とそのFFT表示　上：クロック信号をFFTした結果，下：10MHzのクロック信号波形のズーム表示（500 mV/div，50 ns/div）
クロック周波数 10 MHz のほか，その整数倍の周波数成分を持つことが分かる

1.2.3　必要な帯域は測定したい信号の立ち上がり時間で決まる

　この例から分かるように，クロック信号を観測するには，クロック周波数よりも高い周波数まで観測できる必要があります．立ち上がり／立ち下がり時間によりますが，クロック信号の高調波は一般に最低でも第5または第7高調波くらいまでは取り込む必要があります．

　後述しますが，正しくは，被測定信号の立ち上がり時間とオシロスコープの立ち上がり時間の関係を考える必要があります．

1.3　「電圧」の分解能と「時間」の分解能の考え方

　オシロスコープのA-D変換器は常に変動する信号を高速でサンプリングします．サンプリングされたデータは量子化され初めてディジタル・データになります．いわゆる「何ビット電圧分解能」と呼ばれているものです．この量子化について，もう少し詳しく説明します．

1.3.1　ディジタル家電の先駆け…コンパクト・ディスク

　分解能について，身の回りにある例から考えていきます．

　最近でこそあらゆる領域でディジタル技術が使われていますが，ディジタル家電の世界で最初に広く普及した規格はコンパクト・ディスク（CD）だと思います．

● 昔は磁気テープ・レコーダが使われていた

　長い間，音の録音/再生はアナログで行われてきました．スタジオでの録音はほとんどが磁気テープを使用した「テープ・レコーダ」でした．テープ・レコーダというと，今では見かける機会もだいぶ少なくなったカセット・テープを思い浮かべると思いますが，音質，信頼性を重視したプロの世界では使われていません．もっととんでもなく大掛かりな録音機が使われていました．

　1950年代，今から半世紀前，原理はカセット・テープと同じですが，なんとテープの幅は35 mm，つまり映画用のフィルムに磁性体を塗布し，それを高速で使うことにより，広いダイナミック・レンジと周波数帯域を実現していたレーベルがありました．

　まだ，ミキシング・コンソールがほとんど使われず，マイクからほぼダイレクトに録音されたせいか，保存状態の良いテープから復刻されたCDには時代を感じさせない素晴らしい録音のものが少なくありません．

1.3.2　コンパクト・ディスクの規格

　その後，スタジオ録音からディジタル化が始まり，民生用のCDが発売されました．当時の商品化可能な技術をベースにしたのでしょうか，規格は次のようになります．

　　① サンプル・レート：44.1 kS/s
　　② 2チャネル
　　③ 16ビット非圧縮
　　④ 録音時間74分

　収録時間に関しては，ベートーヴェンの交響曲第9番が収まる長さというもっともらしい話もありました．今ではもっと高性能な規格が出てきましたが，登場後40年以上を経て，物理メディアの主流であることはちょっと驚きです．

　このコンパクト・ディスクの規格には次のような前提があったのではないかと思います．

　　① 人の聞こえる音の最高周波数は20 kHz
　　② 人の耳のダイナミック・レンジは120 dB

　ダイナミック・レンジとは，ここでは一番小さな音からからジェット戦闘機の離陸音のような耳が割れる大音響までの大きさの割合のことです．

● 人が聞こえる周波数からサンプル・レートが決められた

　CDの規格では，サンプル・レートは44.1 kS/sです．すると，標本化定理でのナイキスト周波数は22.05 kHzになります．図1.5に周波数の関係を示します．

　人間が聞こえる最高周波数が20 kHzという前提であれば，A-D変換器の前に入るアンプとローパス・フィルタの遮断特性から考えると，40 kS/sを多少超えたサンプル・レートは妥当な数字だっただろうと思います．

● 人の耳ほどダイナミック・レンジがあるものはない

　一方の電圧方向の分解能は16ビット非圧縮です．1ビットは「あるかないか」，つまり分解能でいうと2レベルですから約6 dBに相当します（$20\log_{10}2 \fallingdotseq 6$）．すなわち16ビットは$6 \times 16 = 96$ dBです．

　理想とされる120 dBとは差がありますが，当時の技術ではこれ以上の分解能は実現困難だったと想像します．16ビットあれば，LPレコードのSN比を超えられる，という考えがあったのかもしれません．

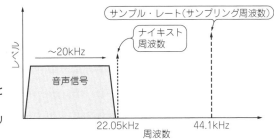

図1.5
コンパクト・ディスクの周波数範囲と
ナイキスト周波数
20 kHz までの再生を可能にするサンプリング周波数が選ばれた

初期のCDプレーヤは14ビットのD-A変換器（DAC）が使われていた例もあったそうです.

最近では192kS/s，24ビットとかなり理想的な性能を持ったDVD-Audioや，それとはまた少し違う方式で高音質化を実現したSACDも市販されるようになりました．しかし，いまだに主流は従来のCDというのもおもしろいところです.

● **電圧分解能はかなり細かい**

電圧分解能は16ビット，つまり$2^{16}=65536$レベルです．ダイナミック・レンジ全てをかなり細かく量子化しています.

CDプレーヤの出力が$2V_{RMS}$とするとピーク・ツー・ピークで5.6V，電圧分解能は5.6V÷65536≒86μVとなります.

1.3.3　オシロスコープに使われるA-D変換の分解能

オシロスコープの画面は**図1.6**のように一般に縦軸8目盛り，横軸10目盛りでできています．目盛りのことを「div」と言います．縦軸を電圧軸，横軸を時間軸と呼ぶことがあり，電圧感度が100mV/div，時間軸が1ms/divであれば縦1目盛り当たり100mV，横1目盛り当たり1msで波形が表示されることになります.

オシロスコープは元々が波形を人間の眼で観測することが目的として開発されたものですから，表示分解能はそんなに高いものではありません．技術的にもCD並みに高めることは困難であり，また実は意味もあまりありません.

では，オシロスコープに使われるA-D変換器の分解能はどの程度なのでしょうか．分解能は電圧方向と時間方向に分けて考えます.

● **電圧分解能**

電圧分解能は一般に8～9ビットになります．つまり$2^8=256$レベルです．これを垂直メモリにどう割り振るかはメーカや製品によって異なりますが，仮に縦軸8目盛り全体に8ビットを割り振ると，1目盛り当たり256÷8＝32レベルとなります．ずいぶんと粗いように思えるかもしれません．しかし，アナログ・オシロスコープでも，目視可能な分解能は1目盛り当たり20～30レベル程度です.

● **時間分解能**

一方の時間分解能は最近の基本計測器レベルの製品でも，オーディオ製品と比較にならないほど高速なA-D変換器を使用しており，100MS/s～1GS/s（10ns～1ns分解能）程度は可能です.

25

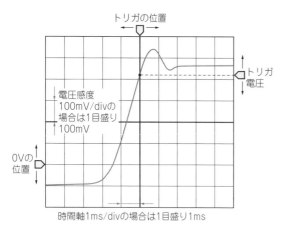

図1.6　オシロスコープの目盛り
1目盛りの表す電圧や時間幅は変えられる

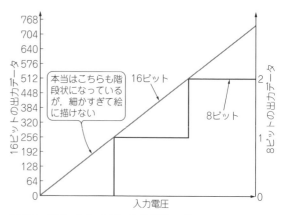

図1.7　8ビットと16ビット分解能の差
CDの16ビットに比べるとオシロスコープの8ビットはとても粗く見える

1.3.4　オシロスコープの分解能をCDの分解能と比較してみる

　電圧分解能をCDの16ビットと比較してみましょう．8ビットと16ビットの分解能は8ビットの差，つまり256倍あります（図1.7）．16ビットでは8ビットでの1分解能をさらに256に分解しています．感覚的には8ビットはずいぶんとおおざっぱな感じがします．

　計測器の仲間にFFTアナライザという主に可聴周波数の解析装置があります．先に説明した「標本化定理」そのままの計測器ですが，16～24ビットの分解能を持っています．また，ある電力アナライザでは12ビットです．

　ではなぜ，オシロスコープだけが8ビット程度なのでしょうか．

　これは計測器によって電圧分解能を優先するのか，サンプル・レートを優先するのかという問題があるからです．

　FFTアナライザや電力アナライザは扱う信号の周波数帯域はあまり高くはありません．そのためサンプル・レートは高い必要がなく，電圧分解能の高いA-D変換器が簡単に実現できます．

　しかし，オシロスコープの周波数帯域は100MHz以上が一般的，現在では20GHzの製品も実現されています．サンプル・レートは周波数帯域の5～10倍が目安ですから，非常に高速なA-D変換器が必要です．

　理想的にはできる限り電圧分解能は高く，サンプル・レートは高くが求められます．しかし，電圧分解能とサンプル・レートはトレードオフの関係にあります．オシロスコープは広い周波数帯域が求められますから，サンプル・レートが優先されます．

1.3.5　オシロスコープA-D変換器の主流は8ビット＆12ビット品の登場

　最近では12ビット電圧分解能のオシロスコープが登場しています．オシロスコープでは無信号時でもノイズが表示されます．ノイズの原因はアンプの性能と思われがちですが，実は熱雑音が大きく影響します．

　図1.8はオシロスコープのブロック図と各部で発生するノイズです．抵抗は温度と周波数帯域に応じた熱雑音を発生します．オシロスコープでは入力抵抗を1MΩ/50Ωに切り替えできる製品が多いですが，1MΩでノイズが増加するのは熱雑音が原因です．図1.9のように周波数帯域が広いほどノイズは

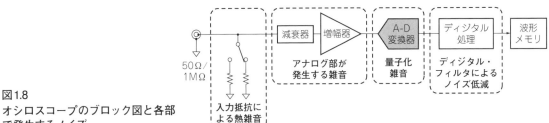

図1.8
オシロスコープのブロック図と各部で発生するノイズ

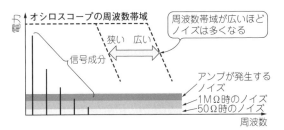

熱雑音 $V_n = \sqrt{4k_B TR\Delta f}$
k_B：ボルツマン定数$(1.38 \times 10^{-23}$ [J/K])，T：絶対温度[K]
R：抵抗[Ω]，Δf：周波数帯域[Hz]
たとえば周波数帯域1GHz，入力抵抗50Ωでは，常温で約28μV_{RMS}（ピーク・ツー・ピークでは約150μV）

図1.9　オシロスコープの周波数帯域と熱雑音

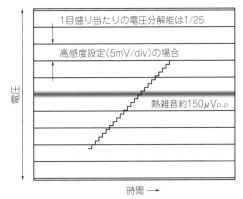

周波数帯域500MHz，入力抵抗1MΩでは，常温で約20μV_{RMS}（ピーク・ツー・ピークでは約150μV）

（a）入力レンジが10目盛り+の8ビット・オシロスコープの例

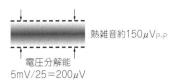

（b）熱雑音と電圧分解能

図1.10
熱雑音と電圧分解能の関係
電圧分解能を大きく高めてもノイズを分解していることになる

増加するため広帯域オシロスコープほどノイズが増えます．

　なお，スペクトラム・アナライザのノイズ・レベルが低いのは，解析する周波数帯域（周波数帯域幅）が狭いためです．理論的には50Ωの抵抗は，周波数帯域500MHzで常温において実効値で28μV_{RMS}のノイズを発生し，ピーク・ツー・ピークを実効値の5倍とすれば約150μV_{PP}のノイズを発生します．

　このノイズにアナログ部で発生するノイズが加わります．内部ノイズがゼロと仮定して電圧感度を高めて5mV/divでノイズを取り込んだのが**図1.10**です．

　8ビットA-D変換の電圧分解能はフルスケール50mV÷256≒200μVになり，150μV_{PP}のノイズ・レベルとほぼ同じになります．しかし，熱雑音にオシロスコープ内部のノイズが加わる（こちらのほうが大きい）ためA-D変換の電圧分解能を高めても意味はあまりないことになります．もちろん電圧感度を落とすと電圧分解能以下にノイズが収まります．

　感度を下げる以外にもプローブを含めた周波数帯域を制限することでノイズを抑えることができるので，場合によっては12ビット分解能が意味を持つケースはあります．例えばロジック回路ほどに周波数帯域を必要とせず，電圧の高いパワー・エレクトロニクスなどは，ディジタル・フィルタによる分解能向上が活用できると思われます．

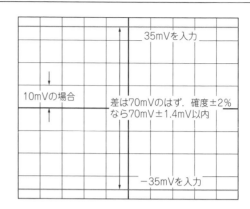

図1.11　オシロスコープの確度の評価
画面内に収まる7目盛りぶんの電圧幅を入力して評価

1.4　電圧の確度は直流で決められている

1.4.1　周波数応答の平坦度は規定されていないことが多い

　オシロスコープのDC（直流）確度は高性能機で1%程度，一般には2～3%程度になります．ここでいうDC確度とは直流を計測した場合です．

　仮にオシロスコープの感度を10mV/divにします．図1.11に示すように，正確な（確度が保証されている）直流電源から1MΩ（オシロスコープの入力インピーダンス）の負荷に対して35mVの電圧を入力します．そして，ノイズの影響を取り除くために平均値を自動パラメータ演算で求めます．同様に－35mVの直流を入力して平均値を求めます．オシロスコープの確度が±2%だとすると，二つの計測結果の差は70mV±1.4mVに収まっていることになります．このようにしてDC確度は決められています．

　ところが，オシロスコープの計測対象は主に交流波形であるにもかかわらず，周波数応答の平坦度はあまり性能として規定されていないのが現実です．

1.4.2　電圧確度は使い方で大きく変わる

　この確度は，あくまでもオシロスコープの入力端子でのDC電圧確度です．しかし，実際にはプローブを組み合わせて使うことがほとんどでしょう．

　オシロスコープは波形を見る道具です．実はプローブにも確度はありますし，使い方に注意を怠ると大きなひずみを生じてしまいます．さらに，オシロスコープの電圧感度設定や時間軸設定によって大きな測定誤差を生じる危険性もあります．

　実際に，電源ユニットの動作の評価において，サプライヤとユーザで計測データが全然合わないことがありました．使っているオシロスコープは両社とも同じメーカの同じ製品，プローブも同じ．それなのに計測結果が大きく異なってしまいました．もちろん，オシロスコープやプローブに故障はありませんでした．原因は，プローブの調整ミスと電圧感度の設定が不適切だったことでした．

　オシロスコープは必需品として広く使われています．しかし，ちょっとしたミスによって計測結果には大きな差が出る危険性が隠れています．

オシロスコープの分解能を確認する方法

A-D変換器の性能というと分解能と変換速度（サンプル・レート）がすぐに頭に浮かぶと思います．しかし，A-D変換器の精度，ひずみについては，オシロスコープの仕様表を見ても記載されていません．

市販されているA-D変換器では，入力電圧と出力データ間の直線性や単調増加性などが保証されています．単調増加性は，入力電圧を上げていったときに確実に出力のロジック・データがインクリメントできているのか，リニアリティがどれくらい保たれているのかを指します．これらはA-D変換器として大切な性能です．

オシロスコープでは，A-D変換器に感度を切り替えるためのアッテネータやアンプをA-Dコンバータと組み合わせています．そのため，A-D変換の精度やひずみは，A-D変換器単体ではなく波形取り込み部分全体での評価になります．

図1.Aにオシロスコープ内の信号の流れを示します．分解能の実力は，アンプでのゲイン・エラー，高調波ひずみ，ノイズなどにA-D変換器の高周波での直線性，分解能，サンプリング・クロックのジッタ，アパーチャ・ジッタと呼ばれるサンプル・クロックと実際のサンプル点の時間的なずれなど，さまざまなファクタを織り込んで評価することになります．この実力を示すものが，有効ビットと呼ばれるものです．

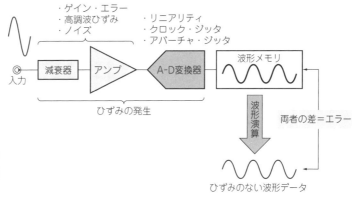

図1.A　アナログ部とディジタル部にさまざまな誤差要因がある

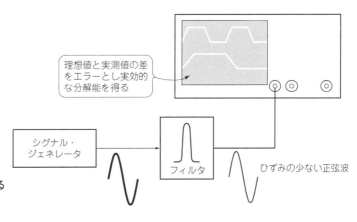

図1.B　有効ビットを測定するための接続方法

オシロスコープは動いている波形を取り込む計測器なので，直流や低周波だけでなく高周波領域での実質的な分解能が本当の実力になります．

図1.Bに有効ビット測定のための接続を示します．測定方法ですが，入力周波数10MHzでの有効ビットであればひずみやノイズの極めて少ない10MHzの正弦波（Qファクタの高いバンドパス・フィルタの併用で得られる）を入力し，波形データを得ます．そのデータから本来ならこうであろうという正弦波を演算で求めます．その理想値と実測値の差がエラーである，と考え，実効的な分解能をビット単位で表します．

有効ビットは波形デジタイザと呼ばれる計測器や一部の高級なオシロスコープくらいしかメーカからは発表されていません．オシロスコープに使われるA-D変換器の分解能は8ビットが多いですが，測定周波数が高くなるに従って必ず減少します．

周波数帯域が数GHzのハイエンド・クラスのオシロスコープでは4〜5ビットくらいまで低下するようです．

Appendix C
時間と電圧の測定の「確度」について

C.1　時間/周波数や電圧が測れる計測器

C.1.1　周波数カウンタ
信号の周波数や周期を正確に計測するためには「周波数カウンタ」を使用します.

● 計測の原理
周波数カウンタの動作原理はとても簡単です（**図C.1**）. オシロスコープでも使われているトリガ回路により, 信号の1周期に1発のパルスが作られます. もし計測したい信号の周波数が1MHzならば, 1秒間に1,000,000個のパルス信号を発生します. このパルス信号が, 水晶発振器で高確度にコントロールされたゲートを, 例えば1秒間など決まった時間通り抜けます. 通り抜けたパルスの数を数えれば（カウントすれば）信号の周波数（正確には平均周波数）が計測できることになります.

● 周波数が低いときに分解能を保つには
測りたい信号の周波数が低い場合には, この計測原理ではゲート時間が短いと分解能が取れなくなります. 分解能を上げるためには, 非常に長い時間ゲートを開いておかなければならず, 非常に計測時間がかかってしまいます.

そのため逆に, **図C.2**のようにトリガ信号でゲートを開きます. 開かれたゲートを通り抜ける水晶発振器のクロック数を計測すれば周期が計測できます. 逆数をとれば周波数が求まります. これをレシプロカル・カウンタと言います.

● クロックとトリガ回路が鍵
この原理から分かるように, 高性能な周波数カウンタには高確度のクロック信号が必要になります.

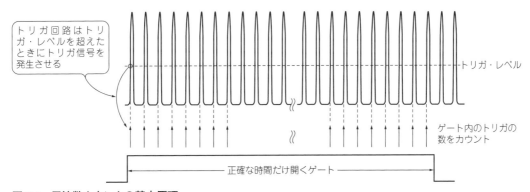

トリガ回路はトリガ・レベルを超えたときにトリガ信号を発生させる

トリガ・レベル

ゲート内のトリガの数をカウント

正確な時間だけ開くゲート

図C.1　周波数カウンタの基本原理
ゲートは測定対象の周波数によって広げたり縮めたりする

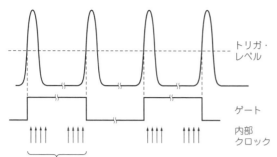

クロックの数をカウントしてゲートが開いていた時間を求める.
その時間の逆数をとれば周波数が求まる

図C.2　レシプロカル・カウンタの原理
周波数の低い信号を測定する場合に使う

写真C.1　ユニバーサル・カウンタ
周波数のほか時間幅やデューティ比なども測定できた. TC110 (横河計測)

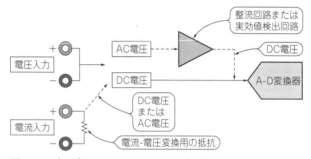

図C.3　ディジタル・マルチメータの概念図
DC電圧を扱うA-D変換器とDC電圧を生成する回路とで構成される

また確実に動作するトリガ回路が必要になります. 高級な製品と普及品の違いはまさにここにあると言えるでしょう.

　なお, 計測分解能を上げるために, 実際の製品にはいろいろな付加回路が考案されています. 例えば周波数 (または周期) 測定の分解能を基準クロック以上に上げるために, クロック間にのこぎり波を発生させ, アナログ的に分解能を向上させた製品があります. **写真C.1**は代表的なカウンタの例です.

C.1.2　ディジタル・マルチメータ

　ディジタル・マルチメータの基本は直流電圧の計測です. 内蔵のA-D変換器により, 入力されたアナログ値である直流 (DC) 電圧はディジタル化され表示されます (**図C.3**).

● **直流電圧の計測なら高い確度が得られる**

　入力信号は変化がない直流電圧ですからA-D変換器の分解能, 確度ともに比較的高いものが使用できます. さらに高確度な電圧計ではノイズや温度変化の影響を少なくするために多くの工夫がなされており, 一般的なハンディ型でも0.1%程度の確度は得ることができます. 昔ながらのアナログ・テスタではちょっとまねのできないところです. また入力インピーダンスがアナログ・テスタ (針式) に比べて比較にならないほど高いことも長所の一つです.

写真C.2 ディジタル・マルチメータ
電圧，電流のほか抵抗値なども測定できた.
VOAC7523（岩崎通信機）

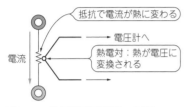

図C.4 熱電対型電流計の原理
抵抗による損失を熱電対という温度セ
ンサで電気信号に変える

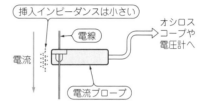

図C.5 電流プローブによる電流の計測
挿入インピーダンスが小さく動作に影響を与
えにくい

● **交流電圧の計測**

交流電圧の場合は整流回路で直流電圧に変換して計測します．機種により使われている整流回路が異なり，ひずんだ交流電圧でも真の実効値を計測できるRMS（Root Mean Square. 実効値）コンバータを使用した製品と，入力信号がピュアな正弦波であるという前提で，整流で得られた直流電圧より実効値を推定するものがあります．どちらにしろ，基本原理は変換された直流電圧をA-D変換することに変わりはありません．交流電圧を直流に変換する回路が入るぶん，確度は直流電圧のときより若干落ちます．

なお，入力できる周波数の範囲には十分注意する必要があります．周波数が高い場合には別の計測手法を考えなければなりません．

写真C.2に，代表的なディジタル・マルチメータの例を示します．

● **電流の計測**

電流の計測では注意が必要です．電流計測では**図C.4**のように回路に直列に抵抗（シャント抵抗）が自動的に挿入されます．特に小電流の計測では感度を高めるために大きな抵抗が挿入されるため，本来の電流より回路に流れる電流が小さくなります．

具体的な事例を紹介しておきましょう．LCDのバックライトの電流を計測する用途には，熱電対を使用した電流計が定番として使われてきました．直列に抵抗を入れる必要がない，クランプ式の電流プローブ（**図C.5**）を使って同じ計測を行うと計測値が高めになります．その理由は回路に入る挿入インピーダンスが大きく異なるためでした．

電流プローブの挿入インピーダンスはその周波数では数十mΩ程度ですから，電流プローブの方が回路に与える影響は少ないのですが，業界の定番は熱電対での計測でした．このような場合には「～という計測方法にて」という但し書きが必要かもしれません．

VOAC7523の確度の例

レンジ	分解能		入力抵抗	確度※	
	5.5桁	4.5桁		SLOW/MID	FAST
50 mV	0.1 μV	1 μV	100 MΩ 以上	0.025 + 10	0.025 + 15
500 mV	1 μV	10 μV	1000 MΩ 以上	0.012 + 5	0.012 + 10
5V	10 μV	100 μV		0.012 + 2	0.012 + 7
50V	100 μV	1 mV	約 10 MΩ	0.016 + 5	0.016 + 10
500V	1 mV	10 mV		0.016 + 2	0.016 + 7
1000V	10 mV	100 mV			

※ 確度：± (X % of reading + Y digits) を $X + Y$ で記す ［岩通計測のウェブ・ページより引用］．

C.2　確度はどれくらいか

C.2.1　測定器の確度

　周波数カウンタにせよディジタル・マルチメータにせよ，計測する相手は変化がない，安定した信号です．従って，高い分解能や確度を比較的安価に実現できます．

　表C.1はディジタル・マルチメータ VOAC7523型（岩崎通信機）の直流電圧計測での確度です．

　このように比較的入手しやすい製品でも，0.01 ～ 0.02 ％程度の確度は得ることができます．

　ディジタル・マルチメータや周波数カウンタは，電圧は時間とともに変動しない，または変動しても計測時間よりもゆっくりと変化する場合に使用することを前提に作られています．

　しかし，計測したい信号にはいろいろなものがあります．1回しか起こらない信号もあれば，常に変化する信号もあります．

C.2.2　確度と精度

　ここまで，計測結果がどれくらい正しいのかを表すために「確度」と「精度」という二つの言い方を使ってきました．英語では "accuracy9 と呼ばれていて，辞書には「正確さ」，「精密」，「精度」という意味が載っています．

　統計的には，精度は計測結果のばらつきを，確度は計測結果の確からしさを示しています．

C.2.3　オシロスコープの確度

　汎用計測器の代表であるオシロスコープの確度は，どのようになるのでしょうか．オシロスコープは横軸に時間，縦軸に電圧をとり，電圧波形の時々刻々の変化を表示できます．

　時間と電圧の両方を計測するわけですから，確度についてはそれぞれ別々に考えていかないといけません．

　オシロスコープの主要性能は周波数帯域で表されますが，周波数帯域は確度に大きくかかわる要因の一つです．

第2章
3大性能指標と
カタログに現れない性能

　本章では計測器として大事な性能について説明します.

　最近のオシロスコープは, とりあえずプローブを入力コネクタに接続して, プローブ先端を観測したい個所に接続 (このことをプロービングと言う) すれば, あとは [オート・セット] ボタンを押すだけで波形を表示してくれます.

　表示された波形を記録したければ, オシロスコープのUSBコネクタにUSBメモリを挿入し, 画像ファイルとして, または波形データをCSVなどのテキスト・データとして保存できます. そのデータはパソコンに持ち込んで処理できます.

　しかし問題は, オシロスコープに取り込んだ波形データがどれだけ正確か, ということです. つまり正しく測定できるだけの性能を持っているのかどうかが問題です. オシロスコープやプローブの選択の仕方によっては, 数十%の誤差が出てもおかしくありません.

2.1　3大性能その1：周波数帯域

　オシロスコープの性能を示す指標にはいろいろとありますが, 最初に考慮すべき性能は入力した信号をいかにひずませないか, ということから考えると, 周波数帯域です (周波数帯域とひずみの関係についてはここでは割愛).

　アナログ・オシロスコープの時代には, ほとんど周波数帯域だけで性能が決まっていたといっても過言ではありませんでした.

2.1.1　周波数帯域の一般的な考え方

　周波数帯域とはどういう意味でしょうか.

　アナログ技術が主流だった頃には, いろいろな製品に周波数帯域の表示があり, 性能の基準の一つとなっていました. 例えば, もはや過去のメディアになりましたがカセット・テープでは, スタンダード・タイプと音楽用高音質タイプでは, 周波数帯域に差がありました.

　現在でも, スピーカやヘッドホンの仕様を見ると, 周波数帯域という項目があり, 場合によってはグラフも記載されています.

　その定義にはいろいろとありますが, 信号レベルの周波数応答特性が平たんな部分を基準とし, 信号レベルが規定値まで減少する周波数をもって周波数帯域とします.

　図2.1に一般的な規定値を−3dBで定義した周波数帯域の例を示します.

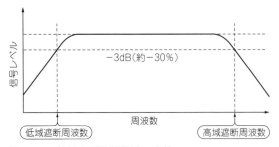

図2.1　一般的な周波数帯域の定義
電子回路では−3dB（約70％）までを使える範囲とすることが多い

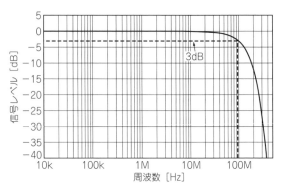

図2.2　ガウシアン特性のときの100MHzの周波数帯域
オシロスコープは低域は直流から観測できるのが普通なので高域の遮断だけで周波数帯域が定義される

　例えば，オーディオ・アンプでは2〜100kHzといった表示になります．さらに周波数特性の平たんさを表すために，±0.2dBというようなただし書きが付くこともあります．

　もっとも，表示されている周波数でどのくらい信号レベルが減少するかの決め方にはずいぶんとばらつきがあり，スピーカの場合は出力音圧レベルで−10dBの点を規定していることも少なくありません．電子回路の場合は−3dBがよく使われます．

2.1.2　オシロスコープの周波数帯域とは？

　オシロスコープの周波数帯域は信号レベルが3dB減衰する周波数で規定しています．図2.2に周波数帯域100MHzの例を示します．オシロスコープの周波数特性はガウシアン特性に近い特性になります．理由は高速オシロスコープのところでも触れますが，波形観測に最も適していると考えられるからです．

　例えば，周波数帯域100MHzのオシロスコープに正弦波を入力したとします．初めに低い周波数，例えば振幅$1.2V_{P-P}$の50kHzの正弦波を入力します．

　電圧感度を0.2V/div（1目盛り0.2V）にすると6目盛りの表示になるはずです．50kHzから入力信号の周波数を上げていきます．すると最初はほとんど変わりませんが，振幅がだんだんと減少していきます．そして3dB減衰した（約70％の振幅になった）周波数がそのオシロスコープの周波数帯域になります．

　実際のオシロスコープ（200MHz）の周波数帯域を実測してみましょう．初めに図2.3（a）のように，オシロスコープ校正用ジェネレータから振幅が6目盛りになるように50kHzの正弦波を基準信号として入力します．周波数を徐々に上げていき，図2.3（b）のように振幅が70％（4.2目盛り）になる周波数を読み取ります．

　著者が実験したオシロスコープの場合，約245MHzでした．仕様で示されている200MHzに対して20％余裕があるようです．オシロスコープの場合には直流から動作するので，周波数帯域の性能表示としてはDC〜200MHzといった表示になります．

　ここで注意しないといけないのは，次の2点です．

- 周波数特性は周波数帯域の周波数よりだいぶ手前から減少し始める
- 周波数帯域を境に大幅に変化する，といったことはない

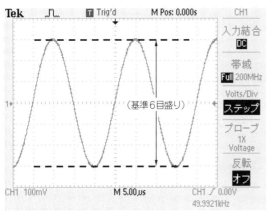
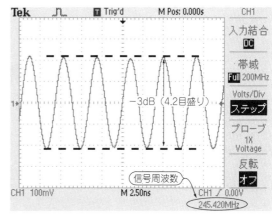

（a）6目盛り，50Hzの基準信号（100mV/div，5 μs/div）　　　（b）振幅が70％になったのは245MHz．このオシロスコープの
　　　　　　　　　　　　　　　　　　　　　　　　　　　　　　　　　周波数帯域は245MHz（100mV/div，2.5ns/div）

図2.3　基準信号の周波数を上げていくことで周波数帯域を実測する方法

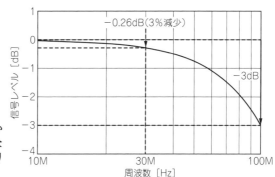

図2.4　周波数特性をより細かく見ると振幅があまり変わらないと言えるのは周波数帯域よりも狭い範囲であることが分かる

　図2.4は，理想的な周波数帯域100MHzの振幅の減衰のようすを拡大したものです．ゲインは徐々に減衰し，30MHzで3％低下しています．このことから，3％程度の誤差を許容するなら，周波数帯域のおおむね25〜30％くらいまでが，振幅がほぼフラットな範囲である，つまり正弦波の振幅を計測するなら信用してよい範囲である，といってよいでしょう．

　図2.4のように，周波数帯域100MHzのオシロスコープなら，90MHzの正弦波も110MHzの正弦波も，振幅は減衰しますが存在を確認することはできるのです．

　25MHzの正弦波なら振幅まで信用できるとして，同じ25MHzでもパルス波の場合はどうなるのでしょうか．パルス波は多数の高調波を含みます．25MHzのパルス波に含まれる高調波成分は減衰しますが，それは波形の再現性にどのような影響を与えるのでしょうか．

2.1.3　周波数応答とパルス応答

　周波数帯域とパルスの形状には，図2.5に示すとおり一定の関係があります．

　ここでは計算を簡単にするために，オシロスコープが１次のローパス・フィルタに近似した特性を持

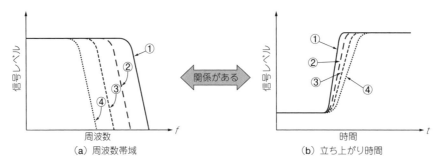

図2.5 周波数帯域と立ち上がり時間には一定の関係がある

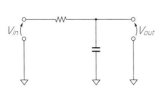

図2.6 1次のローパス・フィルタ
ハイカット・フィルタとも言う. オ
シロスコープが必ずしもこの特性に
なっているわけではないが, ここで
はそれに近いと考えておく

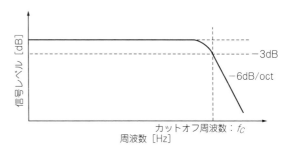

図2.7 1次フィルタの周波数特性
−3dB になるのはカットオフ周波数 f_C

つとします. 実際に周波数特性カーブの肩の部分の形はよく似ています. 周波数帯域BWはカットオフ
周波数（−3dB点）に等しくなります. **図2.6**に示される1次フィルタのカットオフ周波数f_Cは,

$$f_C = \frac{1}{2 \pi RC}$$

であり, 周波数特性は**図2.7**になります.

急しゅんなパルスを入力した場合, このフィルタは積分回路ですから, 応答は**図2.8**のようになり,
出力電圧 V_{out} は, 次式で表せます.

$$V_{out} = V_{in} \times (1 - e^{-1/CR})$$

10％点から90％まで立ち上がる時間をt_Rとすると, $t_R = 2.2RC$になります. 以上の式から次の関係式
が得られます. 具体的に数字をあげると, **表2.1**のようになります.

$$t_R[\text{ns}] = \frac{350}{f_C[\text{MHz}]}$$

この立ち上がり時間は, オシロスコープが固有に持つ計測システム自身の立ち上がり時間です.

2.1.4 実際の信号を入力した場合のパルス応答

実測した周波数帯域BW＝245MHzのオシロスコープの立ち上がり時間を確認します. **図2.9**のよう
に, 既知の立ち上がり時間を持つオシロスコープ校正用のパルス・ジェネレータを使います.

立ち上がり時間 T_S の信号を立ち上がり時間 T_O のオシロスコープで計測した計測結果 T_R は,

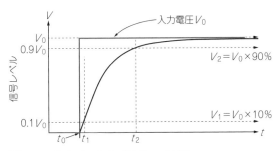

図2.8　1次のフィルタのステップ応答
時間 t_0 で一瞬に V_{out} まで立ち上がるステップ信号を入力した
ときの応答波形

表2.1　周波数帯域と立ち上がり時間の関係
オシロスコープの特性は必ずしもこの通りではないが，参考にできる数値

周波数帯域 BW	立ち上がり時間 t_R
1GHz	350ps
500MHz	700ps
350MHz	1ns
200MHz	1.75ns
100MHz	3.5ns

$$T_R = \sqrt{T_S^2 + T_O^2}$$

となり，必ずオシロスコープの影響を受けます（ここで使用したパルス・ジェネレータの立ち上がり時間は $T_S = 1\text{ns}$）．

　測定結果を**図2.10**に示します．実測された立ち上がり時間は $T_R = 1.920\,\text{ns}$，$T_S = 1\,\text{ns}$ ですから $T_O = 1.69\,\text{ns}$ となります．

　理論式では $T_O = 350 \div BW$ ですが，この場合は $T_O = 414 \div BW$ になりました．立ち上がり時間のわりに周波数帯域が高いようです．理論式は1次のフィルタをモデルにしていますが，実際のオシロスコープの特性とは若干の差があること，またややオーバーシュート気味であることが影響していると考えられます．

2.1.5　オシロスコープの周波数帯域はどれだけあればよいのか？

　このようにパルスを測定した場合，パルスの立ち上がり／立ち下がりは**図2.11**のように必ず測定系の周波数帯域の影響を受けます．

　では，どのような周波数帯域のオシロスコープを使えば影響は無視できるのでしょうか．

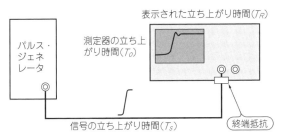

図2.9　立ち上がり時間測定のセットアップ
立ち上がり時間を定められるパルス・ジェネレータで信号を
発生させ，オシロスコープで観測

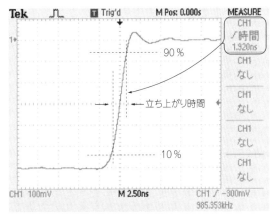

図2.10　立ち上がり時間の計測結果
理想的なステップ信号が入ったとしても，オシロスコープの
帯域により立ち上がり時間ができる

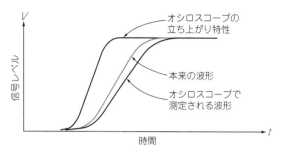

図2.11 測定系の影響
立ち上がり時間を計測するときは，オシロスコープの立ち上がり時間が誤差を生む

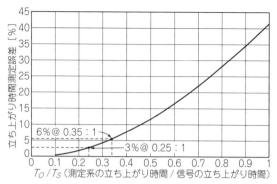

図2.12 立ち上がり時間測定での誤差
誤差を小さくするにはオシロスコープの立ち上がり時間が3〜4倍速くないといけない

　被測定信号の立ち上がり時間 T_S とオシロスコープ（測定系）の立ち上がり時間 T_O の比と誤差の関係を示したのが**図2.12**のグラフです．誤差を3%程度に抑えるためには，$T_S \geqq 4T_O$ であればよいことが分かります．測りたい信号の立ち上がり時間より4倍以上速い立ち上がり時間を持つ周波数帯域のオシロスコープを選びましょう．

　例をあげてみます．

　立ち上がり時間が10nsのパルスを想定します．4倍速いということはオシロスコープの立ち上がり時間は2.5ns以下が必要になります．

$$\text{周波数帯域 [MHz]} = 350 \div \text{立ち上がり時間 [ns]}$$

から，100MHzでは若干性能不足，200MHzあれば理想的です．もし周波数帯域100MHz（立ち上がり時間3.5ns）のオシロスコープで同じ測定をしたとすると測定結果は，

$$\sqrt{10^2 + 3.5^2} = 10.6\,\text{ns}$$

と，6%の誤差になります．

　大事なことは，必要な周波数帯域はパルスの繰り返し周波数には全く関係がないということです．すべては立ち上がり時間に支配されます．しかし，このような話もよく聞きませんか？

　「クロック周波数の10倍の周波数帯域のオシロを使えばよい」

　これは，経験的にはあながち誤りだとは言えません．10MHzのクロックだと，周期は100nsです．通常は立ち上がり時間は10nsくらいだと仮定できます．前述の式から求めると，この信号の周波数帯域は35MHzなので，100MHzの周波数帯域があれば，ほぼ測れそうなマージンがあります．

　最近は高速シリアル信号という言葉を耳にします．Gbpsオーダのデータ・レートを持つ高速信号です．高速であるため，高次の高調波成分は多くはありません．一般には第5高調波まで取り込める周波数帯域が推奨されているようです．6Gbpsだと，クロック周波数は3GHz，第5高調波は15GHzになりますから，とんでもなく高性能なオシロスコープが必要になります．現実に10GHzを超える周波数帯域のオシロスコープが商品化されています．

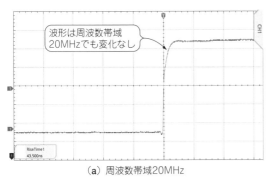

（a）周波数帯域 20MHz

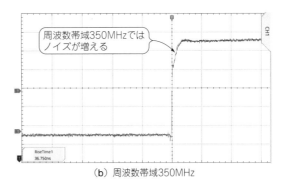

（b）周波数帯域 350MHz

図2.13　CANバス信号を周波数帯域を変えて観測（200 mV/div，200 ns/div；8 GS/s，16 kpts）
CAN バスの信号だけを観測するなら周波数帯域は 20 MHz でも十分

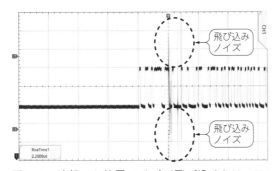

図2.14　外部から放電ノイズが飛び込み（500 mV/
div，1 ms/div；2 GS/s，20 Mpts）
飛び込みノイズはプローブにも飛び込む．しかし，実験の
結果，そのレベルは大きくなかった

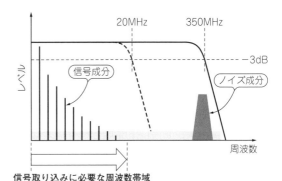

図2.16　信号とノイズの周波数軸での関係
何を観測したいのかにより必要な周波数帯域は変わる

2.1.6　高周波の飛び込みノイズへ対応できる余裕のある周波数帯域

　図2.13は自動車で使われるCANバスを模した信号を周波数帯域 20 MHz と 350 MHz で測定した例です．波形に変化はありません．むしろ周波数帯域 20 MHz ではノイズが少なくなります．

　図2.14は外部から放電ノイズの影響を受けた例です．周波数帯域 20 MHz ではノイズを確認できませんが，350 MHz では振幅の大きなスパイク状ノイズが観測できます．ノイズ部分を拡大してみると**図2.15**のように約 380 MHz のノイズが確認できます．オシロスコープの周波数帯域が 350 MHz なので本来はさらに振幅が大きいと考えられます．

　図2.16に示すようにCANバスの信号成分は 20 MHz 以下であり，周波数帯域 20 MHz で十分観測できます．一方，周波数帯域 350 MHz では 20 MHz 以上のシステム・ノイズが加わるため信号がノイジーになります．信号の真の状態を確認するためには，高周波ノイズもカバーできる周波数帯域が必要です．

　このようにオシロスコープを選択する際は，信号をひずませない周波数帯域が絶対に必要です．さらにできるだけ広帯域のオシロスコープを使い，場合によっては帯域を制限して使うことをお勧めします．

41

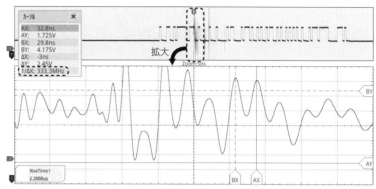

図2.15 飛び込みノイズを拡大して観測（500 mV/div, 1 ms/div；2 GS/s, 20 Mpts）
サンプル・レート2 GS/sは380 MHzに対して十分である．オシロスコープの周波数帯域350 MHzの影響が考えられるが，誤動作を招くノイズは十分確認できる

2.2　3大性能その2：サンプル・レート

ディジタル・オシロスコープが当たり前の時代になり，周波数帯域以外にも性能を示す重要な項目が増えてきました．2番目に大事な性能はサンプル・レートです．

サンプル・レートとは，波形をディジタル化するために使われるA-D変換器の変換速度です．

最近はA-D変換器の性能が大幅に向上しました．そのため，以前では高額なオシロスコープでしか採用されなかった1GS/s（サンプル/秒）といった高速のA-D変換器が比較的安価な製品でも使われるようになりました．メーカにより「サンプリング・レート」，「サンプル周波数」など，呼び方は多少異なりますが，意味は同じです．時間軸方向にどれくらい細かく分解しているか，という性能です．図2.17に波形がサンプリングされるイメージを示します．

サンプル・レートの単位は［S/s（サンプル/秒）］で，○○MS/s（メガ・サンプル/秒），○○GS/s（ギガ・サンプル/秒）などと表記されます．以前にはHzが使われていた時期もありましたが，周波数帯域の表示と混同する恐れもあり，S/s（サンプル/秒）のほうが一般的になっています．単位時間にどれくらいのサンプルを取り込んだのかという意味から，周波数の単位HzよりS/sの方が適切だと思われます．

2.2.1　標本化定理

ディジタル・オシロスコープは時間的にも電圧的にも連続して変化する信号を縦横共にディジタル化して処理しています．

ここで，大変重要な定理である，標本化定理について少し詳しく説明します．

標本化定理とは，

「アナログ信号を標本（サンプリング）する場合，その信号が持っている最高周波数成分の2倍以上のサンプル・レート（サンプリング周波数）で行えば元々の信号を再現できる」

というものです．これを示したのが**図2.18**です．

信号は，ひずみのない正弦波であればその繰り返し周波数のスペクトラムだけになります．一般に信

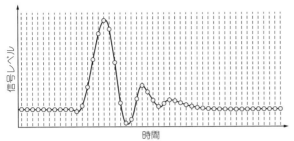

図2.17　サンプリングのイメージ
時間軸方向に細かく区切って点の並びにする

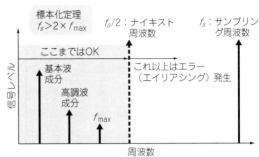

図2.18　標本化定理
観測する信号の周波数がサンプリング周波数の半分以下なら元の信号を再現できる

号は，基本周波数成分とその N 倍の高調波成分，および直流成分の三つの要素に分解できます.

　例えば瞬時に立ち上がり，立ち下がる理想的な方形波 $f(x)$ は，第１章で説明したように次のようになります.

$$f(x) = \sin(x) + \frac{1}{3}\sin(3x) + \frac{1}{5}\sin(5x) + \cdots$$

このように基本波成分 $\sin(x)$ に奇数次の高調波成分を加えていくことで方形波と等価になります. **図2.19**に第21次までの結果を示します.

　我々が普段観測しているパルス信号は，たくさんの高調波から成り立っています. パルスの立ち上がり／立ち下がり時間が短いほど次数が高い，つまり高い周波数成分の高調波を持っていることになります.

　実際のパルス信号の持つ立ち上がり／立ち下がり時間は有限ですから，ある周波数以上の高調波成分は大きく減少していると考えられます.

　例えば，**図2.20**は基本波＋第3高調波＋第5高調波のみとして，第3，第5高調波のレベルを加減し

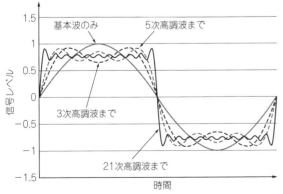

図2.19　21次までのフーリエ級数で方形波を描く
パルス信号（方形波）は高調波の重ね合わせでできている

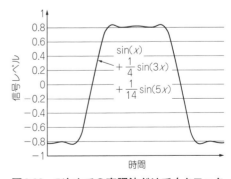

図2.20　５次までの高調波だけでもクロックらしい波形になる
方形波の場合と違い3次高調波を1/4に，5次高調波1/14に調整した

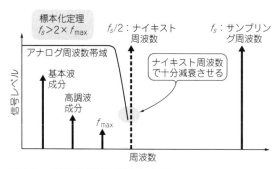

図2.21　周波数帯域と標本化定理
アナログ周波数帯域はナイキスト周波数より低い必要がある

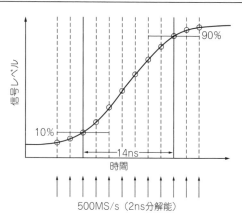

図2.22　立ち上がりエッジにサンプル・ポイントが数点ある例
これなら波形の形状を正しく観測できそう

た波形を示します．特に第5高調波の微妙なレベルが波形の形状に大きな影響を与えます．表計算ソフトウェアのExcelで確認できるので，皆さんもぜひ試してみてください．パルス形状と高調波成分の関係が分かると思います．

以上の考察から，**図2.21**に示される関係がわかります．

> 　信号が持つ最高の周波数成分をf_{max}とすると，オシロスコープの増幅器は直流からf_{max}まで通過できる周波数特性を持たなければならない

この条件が満たされない場合，波形の基本波成分と高調波成分の関係が崩れてしまい，波形がひずんでしまいます．次に必要な条件は，

> 　f_{max}までの信号情報を欠落なくサンプリングするためには，$f_S > 2 \times f_{max}$というサンプル・レートが必要になる

です．

以上の二つが，理論的に波形をひずませることなくディジタル化するための条件になります．

2.2.2　周波数帯域とサンプル・レートのバランスが大切

ディジタル・オシロスコープの黎明期にはまだまだサンプル・レートが十分ではありませんでした．

周波数帯域が1GHzでも，使われていたA-D変換器の速度が40MS/s程度であり，主に，同じ信号を繰り返しサンプリングする等価時間サンプリングという手法が使われていました．高速A-D変換器を使ったリアルタイム・サンプリングが手軽に使えるようになったのは，ここ数年のことです．

現在のように高速サンプリングが可能になってくると，周波数帯域とサンプル・レートのバランスが重要になってきます．

標本化定理では「最高の周波数成分の2倍以上のサンプル周波数」という決まりがあります．これは

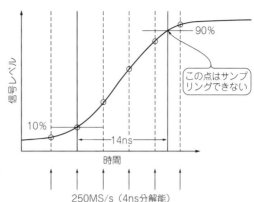

図2.23　立ち上がりエッジのサンプル・ポイントが少ない例
正確な時間幅の把握が難しくなってくる

これで正しいのですが，オシロスコープのように波形を観測する場合には，もう少しだけ余裕が欲しくなります．

　周波数帯域100 MHzのオシロスコープを例にしてみます．オシロスコープの立ち上がり時間 T_O は，

$$T_O\,[\text{ns}] = \frac{350}{BW\,[\text{MHz}]}$$

なので，100 MHzであれば T_O = 3.5 nsです．被計測信号の立ち上がり時間を T_S とすると，計測結果 T_R は，

$$T_R = \sqrt{T_S{}^2 + T_O{}^2}$$

でした．誤差を3%以内にするには，

$$T_S \geqq 4 \times T_O$$

なので，被計測信号の立ち上がり時間 T_S は14 ns以上あれば問題ありません．

　図2.22は立ち上がり時間14 nsのエッジを周波数帯域100 MHzの5倍のサンプル・レート500 MS/sでサンプリングしたようすです．どうでしょうか，十分なサンプル数のように見えます．

　では，周波数帯域100 MHzの2.5倍のサンプル・レート250 MS/sではどうなるでしょうか．

　図2.23にそのようすを示します．これを見ると，立ち上がりエッジに3ポイントありますから，何とか我慢できるか，というところです．

　ここでは14 nsという立ち上がりエッジを考えましたが，多少の誤差は出るのを覚悟してもっと速いエッジを入力することもないわけではありません．するとおかしなことが起こります．

　A-D変換器に入力される信号の立ち上がり時間が4 nsだったとしましょう．すると**図2.24**で示されるように，サンプリングするタイミングによってずいぶんと異なった結果が得られてしまいます．

　この例で分かるように，同じ信号を計測しても立ち上がり時間の計測結果に大幅なばらつき，約50%の差が生じてしまいます．これでは波形観測に問題があると言えるでしょう．

　図2.25のように，サンプル・レートが500 MS/sであればこのようなことは起こりません．

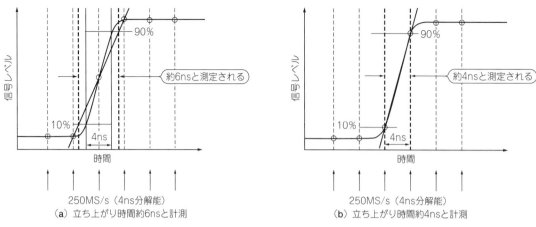

図2.24　サンプル・ポイントが少なくて問題が起きる例
同じ波形なのに測定された立ち上がり時間が変わってしまう

このような背景から，**図2.26**に示されるように周波数帯域の5倍程度のサンプル・レートを採用する製品が多く販売されているのではないか，と推測しています．

もう一つの理由として，オシロスコープの周波数特性は，周波数帯域以上の周波数を急しゅんにカットするものではないことも考えられます．100MHzの周波数帯域であっても，200MHz程度の周波数成分もかなりのレベルで存在します．すると，サンプル周波数は周波数帯域の2倍少々では足りません．このあたりにも，5倍という設定の理由はありそうです．

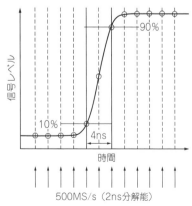

図2.25　立ち上がりエッジに3ポイントある場合
立ち上がり時間の観測には最低限この程度のサンプル・ポイントが必要

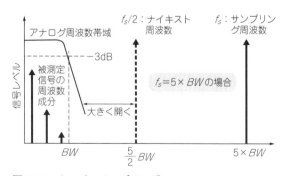

図2.26　オーバーサンプリング
アナログ周波数帯域より十分高いナイキスト周波数になるようサンプリング周波数を設定する

2.3 3大性能その3：レコード長

三つ目の大事な性能はレコード長です．

レコード長の表現にはメーカにより「メモリ長」，「波形記録長」，「レコード・レングス」などいろいろありますが，示すものは同じです．単位も「○○ポイント」であったり，「○○ワード」であったりしますが，同じと考えてください．

連続して記録可能な時間は「サンプル間隔×レコード長」になります．

記録時間を長くするにはサンプル間隔を広くするか，レコード長を長くすればよいわけですが，適切なサンプル間隔（つまりサンプル・レートの逆数）は信号によって決まります．勝手に広くすることは具合が悪くなります．

サンプル間隔を短くして時間分解能を確保したい，という観点からはレコード長が長いほうが都合が良いのですが，場合によっては長いレコード長の弊害が出ることがありますので，最適なレコード長はケース・バイ・ケースで変わります．

2.3.1 時間軸を極端に速くすると実質的なレコード長はどんどん短くなる

時間軸の設定を変えるとき，通常はレコード長を変えないでサンプル・レートを変えていきます．例えば，あるディジタル・オシロスコープのレコード長が2000ポイントだとしましょう．

2000ポイントで1画面を構成しているとします．時間軸は10目盛りありますから，1目盛りは200ポイントです．従って，サンプル間隔とサンプル・レートの関係は次のとおりです．

サンプル間隔 =（Time/div）/200
サンプル・レート = 1/サンプル間隔

この関係から，時間軸を変えていくと表2.2で示されるようなサンプル・レートで動作しなければなりません．

表2.2 時間軸とサンプル・レート（理想）

時間軸	サンプル間隔	サンプル・レート
1 μs/div	5 ns	200 MS/s
0.5 μs/div	2.5 ns	400 MS/s
0.2 μs/div	1 ns	1 GS/s
0.1 μs/div	0.5 ns	2 GS/s
50 ns/div	0.25 ns	4 GS/s
20 ns/div	0.1 ns	10 GS/s

表2.3 実際のオシロスコープでは時間軸を速くするとズームになる場合がある

時間軸	サンプル間隔	サンプル・レート	拡大率	1目盛り当たりのポイント数
1 μs/div	5 ns	200 MS/s	なし	2,000
0.5 μs/div	2.5 ns	400 MS/s	なし	2,000
0.2 μs/div	1 ns	1 GS/s	なし	200
0.1 μs/div	0.5 ns	2 GS/s	なし	200
50 ns/div	0.5 ns	2 GS/s	2倍	100
20 ns/div	0.5 ns	2 GS/s	5倍	40
10 ns/div	0.5 ns	2 GS/s	10倍	20
5 ns/div	0.5 ns	2 GS/s	20倍	10
2 ns/div	0.5 ns	2 GS/s	50倍	4
1 ns/div	0.5 ns	2 GS/s	100倍	2

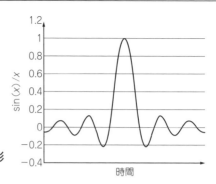

図2.27　単発パルスがこのような波形
に見えてしまう可能性がある

しかしA-D変換器の最高サンプル・レートには限界があります．このオシロスコープの場合，2GS/s
としましょう．すると0.1μs/divが限界になります．

そのため，さらに時間軸を速くするためには，サンプル・レートを最高レートに固定したまま，レコー
ド長を短くすることで実現しています．実際にはデータ取り込みは全く変えずに，時間軸方向に表示を
拡大する手法が一般に使われます．

実際の動きは表2.3のようになります．なんと，1ns/divでは1目盛りに2ポイントしかありません．
でも実際にはガタガタのないスムーズなデータが表示されているのではないでしょうか．

これは，ディジタル・ズームで補間をしているからなのです．補間ではサイン補間と直線補間が代表
ですが，信号の速度とサンプル・レートに注意しないと，本当の波形なのか作られた波形なのか分から
なくなります．

図2.27がサイン補間で使われる$\sin(x)/x$のグラフです．ディジタル・オシロスコープでよく使用さ
れる補間手法で，うまく設計されたものは正弦波の1周期に最低2.5ポイントのサンプルがあれば，元
の正弦波が再生できます．NTSC信号などには相性が良いフィルタです．

しかし十分なサンプル・レートが得られずに，ほとんど同じ値がサンプルされていて，ある1点だけ
別の値がある，という場合には，図2.27のグラフのような波形が表示されてしまう恐れがあります．1
点のパルスを大きく波うった波形と取り違えてしまうわけです．サンプル・レートの設定には十分な注
意が必要です．

2.3.2　長いレコード長を自動可変で使うモデルも増えてきた

比較的レコード長が短かった世代のオシロスコープではレコード長は固定のまま，時間軸を遅くする
に従い，サンプル・レートは低下しました．

最高サンプル・レート 2GS/s，レコード長2.5kポイントのオシロスコープの場合を考えてみます．
図2.28のようにフルに性能を発揮したときの取り込み時間は，次のとおりです．

サンプル間隔：0.5 ns × 2.5 k ＝ 1.25 μs

この場合，時間軸で10目盛りプラスαをカバーするために時間軸は100 ns/divになります．これよ
り時間軸が速い場合は拡大表示となり，遅い場合はサンプル・レートが遅くなります．なお，「プラスα」
と表現したのは，0.5 ns × 2.5 k ＝ 1.25 μsなので，時間軸設定を100 ns（0.1 μs）/divにすると0.25 μs分

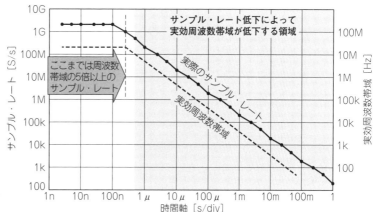

図2.28　時間軸の設定でサンプル・レートは決まる
時間軸を遅くするとサンプル・レートは低下し，実効周波数帯域も低下する

余ってしまうからです．また，**図2.28**に示した実際のサンプル・レートを表す線が直線ではなく，折れ線になっているのは，サンプル・レートと時間軸設定の関係で直線から少し外れてしまうからです．

　サンプル・レートが低下すると標本化定理のナイキスト周波数も低下し，実際に取り込める周波数上限（実効周波数帯域）が低下します．ここでは余裕をもってサンプル・レートの1/5を実効周波数帯域と考えました．たとえば時間軸が100 μs/divだと，実効周波数帯域は100 kHzプラスaにまで低下します．

　1世代前の代表的なオシロスコープでも性能は，

- 周波数帯域：1 GHz
- 最高サンプル・レート：全チャネル5 GS/s
- レコード長：最高20 Mポイント

と十分です．しかし標準設定ではレコード長は10 kポイントであり，マニュアル操作でレコード長を変えるようになっています．

　図2.29は時間軸とサンプル・レートの関係です．レコード長10 kポイントで時間軸設定を100 μs/

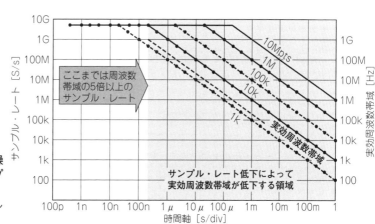

図2.29　レコード長をマニュアル操作で変えるオシロスコープのサンプル・レートの変化
レコード長が短い場合は時間軸を速くしないと周波数帯域を活かせない

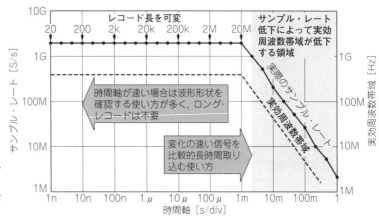

図2.30 レコード長を自動可変にしたオシロスコープ

より広い時間範囲で実効周波数帯域を高くできる

divにするとサンプル・レートは10 MS/sに低下し，実効周波数帯域は2 MHzになります．周波数帯域1 GHzを生かすことはできません．

そこでレコード長を20 Mポイントに変更すると，サンプル・レートは5 GS/sとなり，アナログ周波数帯域と実効周波数帯域は同じく1 GHzになります．このためレコード長を自動的に可変して，サンプル・レートとのバランスをとって設定するオシロスコープが増えています．

図2.30は周波数帯域350 MHz，最高サンプル・レート2 GS/s，レコード長可変であるオシロスコープの動作です．以下を目指しています．

- できる限り広い時間軸範囲で最高サンプル・レートを維持し，実効周波数帯域を確保する．
- 時間軸が速い場合は記録時間が短く，レコードは短くてよい．
- 時間軸が遅い場合はロング・レコードを維持しつつ，サンプル・レートを低下させる．

もちろんレコード長を任意に設定することも可能です．

2.3.3 レコード長をあえて短く設定して使う

信号の動きを観測するためには，リアルタイム観測に近づけるように波形を取り込んでいない時間（デッド・タイム）をできる限り減らし，波形更新レートを高めることが重要です．

図2.31はレコード長オートの場合です．時間軸200 ns/divで波形をモニタしましたが，とくにおかしな波形は発見できません．

波形更新レートを上げるため，レコード長をマニュアル操作で最短の1kポイントにします．同じ時間軸設定のためサンプル・レートは1/16，500 MS/sに落ちますが，波形をざっくりと観測するには問題ありません．すると**図2.32**のように振幅の小さな波形やパルス幅の極端に狭い信号が確認できました．発生頻度が極端に低い信号の場合は，残光時間を無限大にするのが有効です．

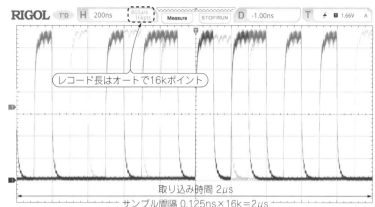

図2.31　レコード長はオート設定（ここでは16 kポイント）（500 mV/div, 200 ns/div；8 GS/s, 16 kpts）異常信号は見当たらない

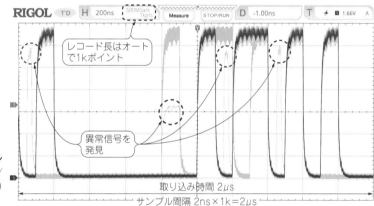

図2.32　レコード長をマニュアル操作で1kポイントに変更（500 mV/div, 200 ns/div；500 MS/s, 1 kpts）発生頻度の低い信号が確認できる

2.4　カタログに現れない実力その1：入力レンジを超えたときの性能

2.4.1　オシロスコープには入力レンジがある

　ディジタル・オシロスコープといえども入力部分はアナログ・オシロスコープと何ら変わることのないアナログのアッテネータ（減衰器）やアンプがあります.

　入力された信号は減衰器→アンプ→A-D変換器と進んでいきますが，それぞれの回路ブロックにおいて扱える電圧には制限があります.

- 減衰器　　　：耐入力電圧の制限．安全上からの制限の場合もあります
- アンプ　　　：ダイナミック・レンジの制限があります
- A-D変換器：最大入力電圧とビット数により電圧分解能が決まります

　図2.33にこれらの関係を示します．A-D変換器の入力レンジは画面一杯（8目盛り），または上下1目盛り程度の余裕（約10目盛り）になります.

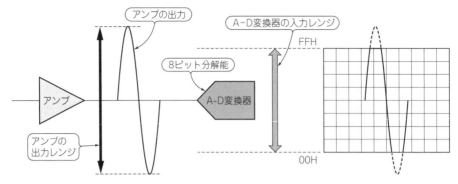

図2.33　感度を高くしすぎると信号がアンプのダイナミック・レンジやA-Dコンバータの入力レンジを超えてしまう「オーバードライブ」という状態になる

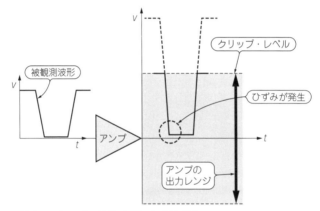

図2.34　オーバードライブによるひずみ
信号が正常範囲になってもアンプはすぐに正常動作に戻れないことにより発生する

2.4.2　入力レンジを超えたときの動作はまちまち

　入力コネクタにおける最大入力電圧は理解できると思います．しかし無意識に感度を上げて，波形が画面からはみ出るような使い方をしていませんか．この状態をオーバードライブと言い，このような使い方は好ましくはありません．アンプのダイナミック・レンジを超えて，過入力で拡声器を使っているようなものだからです．しかし実際にはしばしば使われる方法です．例えばスイッチング回路のオン電圧の計測です．

　ほとんどゼロに近いMOSFETのドレイン-ソース間電圧を計測するには，オシロスコープの電圧感度をかなり上げる必要があります．しかしこの感度でドレイン-ソース間のスイッチング・スイングの大きな電圧が入力されると，アンプは完全にオーバードライブされている状況になり，**図2.34**に示されるようにアンプは飽和してしまいます．このため，入力電圧が本来のダイナミック・レンジ内に戻ってきてもすぐには正常な動作ができずに，波形がひずんでしまうことがあります．

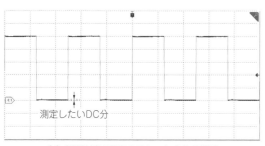

（a）観測対象のDCオフセットのある波形
（40μs/div，200mV/div）

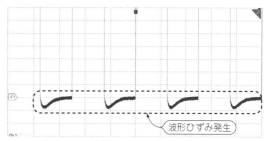

（b）電圧感度を上げるとひずみが出てしまう
（40μs/div，10mV/div）

図2.35　オーバードライブによりDCオフセットを正確に測れない

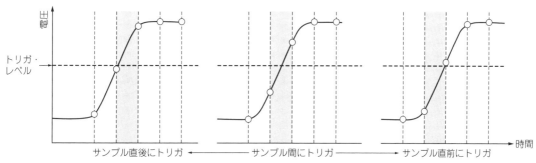

図2.36　信号とサンプル・ポイントは非同期
サンプルの間で微妙にタイミングがずれる可能性がある

　図2.35（a）の波形は若干のDCオフセットが重畳した1MHzのパルス信号です．このDCオフセットを測りたいのですが，この電圧感度では0.1目盛りくらいしか読み取ることができません．

　では感度を上げてみましょう．1V/divから200mV/divに5倍感度を上げてみます．すると図2.35（b）のように大きくひずんでしまいました．周波数が低い場合には目立ちにくいのですが，周波数が高くなるとオーバードライブの影響は受けやすくなるようです．

　多くのオシロスコープは，程度の差はあってもオーバードライブに耐えられるように設計されています．しかし，使ってみるまでこのあたりの性能ははっきりしません．

2.5　カタログに現れない実力その2：トリガの性能

　オシロスコープのカタログを見ていくと，トリガ機能という項目が見つかります．必ずエッジ・トリガ（レベル・トリガと呼ぶ場合もある）は装備しています．最近の機種であればパルス幅トリガを装備する機種も多くなり，従来のエッジ・トリガでは対応が困難な信号に対応できるケースが多くなりました．

53

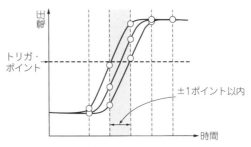

図2.37　表示上のジッタ
図2.36で同じレベルになった点を重ね合わせると
タイミングがずれてしまう

　トリガには，実際に動作させてみないと分かりにくい性能の差があります．それはトリガの安定度で，表示の安定度ということもできます．

　ディジタル・オシロスコープのサンプル・ポイントと被計測信号とは，時間の同期は当然とれていません．ですから繰り返し信号を取り込んだ場合，**図2.36**に示すようにトリガ点はサンプル点間のどこに来るか分かりません．そのため，トリガ回路が正確に動作していても，**図2.37**に示されるように必ず±1ポイント以内の時間軸方向にずれが生じます．

　実際の製品は，トリガ点がずれないように補正をかけて表示していますが，それでもジッタ補正機能や波形補間機能の差により，ジッタ抑制能力に差があるようです．このあたりは実際に高速パルスを入力してみないとわかりません．

動作原理から見る ディジタル・オシロの得意・不得意

3.1 まずはレガシなアナログ・オシロの構造から

機械の性能を引き出すには中身を知ることが一番です.

まずは,アナログ・オシロスコープで基本的な構造を理解しましょう.今でも特定の用途,たとえば映像信号のように,複雑な信号や信号の瞬時の動きを捉えたい場合に便利です.

図3.1がアナログ・オシロスコープの原理です.

3.1.1 信号の振幅方向の表示

コネクタから入力された信号が大きな場合は減衰器(アッテネータ)で減衰されてアンプに入ります.

チャネル別のアンプからの出力信号はチャネル・スイッチ回路,遅延線を経て出力アンプで数十Vにまで増幅されてCRT(Cathode Ray Tube,ブラウン管)の垂直偏向板に加えられます.

このブラウン管はテレビで使われていたものとはタイプが異なります.雑学として知っておいても損

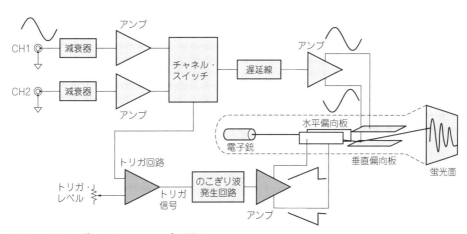

図3.1 アナログ・オシロスコープの原理
CRT(Cathode Ray Tube,陰極線管またはブラウン管)を使っている.電子を曲げて表示させるために信号を増幅して電極に加える

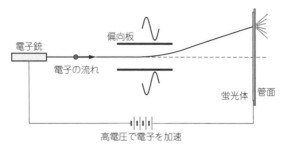

図3.2　ブラウン管の原理
電子ビームを曲げて表示面に線を描く

はない（もう使われなくなる技術ですが…）ので簡単に述べますが，テレビ用は電磁偏向という方式です．オシロスコープで使われているのは静電偏向という方式です．

いずれにしても電子が磁場，または電場中を進むと向きが変わる，という原理を使っています．

図3.2が静電偏向式のブラウン管の原理です．ブラウン管の電子銃から画面に向かって飛ぶ電子の流れが垂直偏向板に加えられた信号により上下方向に偏向されます．水平方向も同様です．

3.1.2　信号の時間方向の表示

トリガ回路はアナログ・オシロスコープでもディジタル・オシロスコープでも役割は変わりません．基本は入力された信号から特定のエッジを検出してデータ取り込みの基準点にします．

アナログ・オシロスコープではトリガが検出されると「のこぎり波」が発生します．

のこぎり波は時間軸設定で決められた時間（Time/divの10目盛り分の時間），直線的に電圧が変化するように作られます．水平偏向板にはこののこぎり波が加えられ，電子ビームが横方向に偏向されます．

電子は非常に質量が小さいので，高周波の波形を描くには最適な方法だったのだと思います．

CRTの画面の裏側には蛍光物質が塗ってあり，電子ビームが衝突すると光る，という原理です．

アナログ・オシロスコープはこのように，入力された信号がリアルタイムに表示されます．

波形は次から次へと更新表示されるために取りこぼしが少なく，また発生頻度が高い部分は明るく，そうでない部分は暗く表示できるため，非常に自然な表現が特徴です．

3.2　ディジタル・オシロとアナログ・オシロの違い

3.2.1　原理的に波形の表示が違う

速い信号がたくさん集まり，少しずつ振幅が変わっていくAM変調のような信号をアナログ・オシロスコープとディジタル・オシロスコープの両方で観測して表示の違いを確認してみましょう．

● アナログ・オシロスコープの表示

今回比較に使用したアナログ・オシロスコープは，何十年も前に製造された465B型（帯域は100 MHz，テクトロニクス）です．

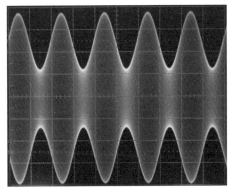

写真3.1　アナログ・オシロスコープでのエンベロープ表示例（200 mV/div，500 μs/div）
色の濃さで波形の密度が分かる

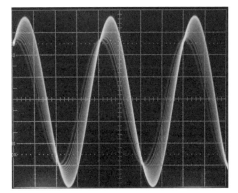

写真3.2　アナログ・オシロスコープでのキャリア表示例（200 mV/div，500 ns/div）
時間幅を拡大すればより細かいところもわかる

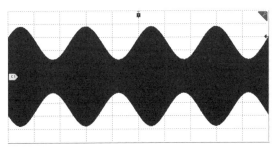

図3.3　ディジタル・オシロスコープでのエンベロープ表示例1（200 mV/div，400 μs/div，50 MS/s，200 kpts）
全体の形は分かるが中の密度までは表示できていない

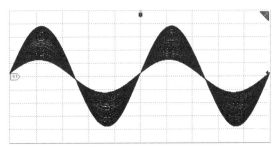

図3.4　ディジタル・オシロスコープでのキャリア表示例1（200 mV/div，400 ns/div，2.5 GS/s，10 kpts）
時間幅を拡大したときの波形はアナログ・オシロスコープと大差ない

　写真3.1がアナログ・オシロスコープにより全体のエンベロープを観測した例です．変調のようすがよくわかります．

　時間軸を100倍速くしてみたときの画面が**写真3.2**で，キャリアの細かい動きがわかります．

● ディジタル・オシロスコープの表示

　同じ信号を代表的な計測器メーカから発売されている基本計測器クラスのディジタル・オシロスコープ2台で観測してみました．

　図3.3がディジタル・オシロスコープMSO24（テクトロニクス）による全体の表示例です．拡大すると**図3.4**のように変化します．

　またディジタル・オシロスコープMSO5354（リゴル）では，**図3.5**，**図3.6**に示すように，さらにアナログに近い表示になります．

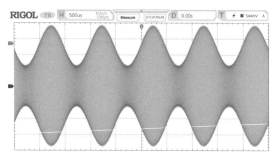

図3.5　ディジタル・オシロスコープでのエンベロープ表示例2（200mV/div，500 μs/div，4 GS/s，20 M kpts）
ほぼ図3.3と似た雰囲気で，アナログ・オシロスコープとは異なる

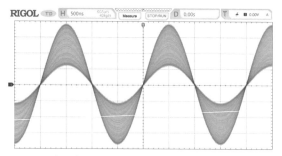

図3.6　ディジタル・オシロスコープでのキャリア表示例2（200mV/div，500 ns/div，8 GS/s，40 kpts）
波形が明確に見える場合はアナログもディジタルも大差がない

3.2.2　波形の密度が分かるアナログ・オシロスコープ

　時間軸を速くした場合はアナログ，ディジタルの差はあまりありませんが，時間軸を遅くして全体のエンベロープを表示するとかなり異なっています．

　アナログ・オシロスコープでは濃淡表示により密度まで表示されていますが，ディジタル・オシロスコープではベタ塗りになってしまいます．

　このように，信号の「ようす」を観測するにはアナログ・オシロスコープは素晴らしい魅力を備えています．

　最近ではあまり使われることもなくなり，販売されている製品も少なくなってしまい，若い方は見たこともないかもしれませんが，お持ちの方は大事に使っていきましょう．

● 頻度の低い現象は見逃してしまう

　波形の描画能力に長けたアナログ・オシロスコープですが，電子ビームがなければブラウン管は光りません．つまり一度しか起こらない現象，たとえば爆発波形などは一瞬ピカッと光っておしまいです．

　表示が消えないように特別の工夫を施したストレージ・チューブというブラウン管もありましたが，極めて高価でした．波形を記録するにはカメラを使わなければなりませんし，波形パラメータの自動的な算出や波形同士の演算などは極めて困難です．

3.2.3　ディジタル・オシロにもアナログ・オシロ風表示機能

　アナログ・オシロスコープでは電子ビームをブラウン管表示部の蛍光体に当てて光らせるため，波形の密度(＝電子ビーム電流の大きさ)が高いほど明るく表示されます．つまり波形の密度，多くある波形は明るく，少ない波形は暗く，直観的に表示できます．

　ディジタル・オシロスコープでもアナログ・オシロスコープと同様の直観表現ができるように以前取り込んだ波形がだんだん暗くなり消えていく残光時間可変機能，また波形密度により波形の色を変えるカラー・グレーディングが多くの機種で採用されています．これによりアイ・パターンなどの観測が行ないやすくなります．

3.3　アナログ・オシロがディジタルにとって代わられた背景

　ディジタル・オシロスコープが登場する以前，先人はどのようにして波形を解析していたのか簡単に触れておきます．

　ディジタル・オシロスコープの，特にサンプル・レートの急速な高速化は目を見張るものがあります．最近では，普及クラスのオシロスコープでも 1 GS/s 程度の高速サンプリングができるようになりました．

　初めて実用的なディジタル・オシロスコープが登場したのは四半世紀ほど前です．アナログ・オシロスコープに 25 MS/s 程度の A-D 変換器を使用したディジタル・ストレージ機能を追加したものが多かったように思います．今のような高度な解析機能は持たず，単発信号を取り込む機能をアナログ・オシロスコープに追加した程度のものでしたが，価格は 100 万円以上もしました．この程度のスピードでは，NTSC の映像信号を取り込むのがやっと，という程度の性能です．

● 専用機材とテクニックを駆使して単発信号をカメラで撮影

　ディジタル・ストレージ・オシロスコープ登場以前にも高速な単発現象を記録したいという要求は当然ありました．

　当時，オシロスコープの周波数帯域は 500 MHz が最高でした．しかし，500 MHz の単発信号ではブラウン管はほとんど光りません．その波形をなんとかカメラで写して記録するために，フィルムの感光特性に合わせた波長で発光する蛍光体を使った，極端に小さな表示部を持つ特殊なブラウン管を搭載したオシロスコープがありました．加えて，撮影や信号発生などのさまざまなテクニックを駆使し，なんとか高速単発信号を写真に撮っていました．

● 特殊なブラウン管を使ったオシロスコープ

　例えばハイ・パワー・レーザーの励起信号を「ディジタル・データ」としてコンピュータで処理したい，そのためには何とか高速な A-D 変換器が実現できないか，と先人はいろいろなアイデアを考え，実現してきました．

　スキャン・コンバータという，ブラウン管とビデオ・カメラを組み合わせたような構造により，等価的に 100 GS/s という超高速で 500 MHz の単発信号を取り込める大がかりな計測器がありました．トランジェント・ディジタイザという特殊なオシロスコープです．

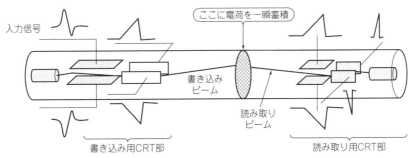

図 3.7　超高速サンプリングを実現したスキャン・コンバータの原理
表示装置と録画装置を一つのブラウン管にまとめたような構造

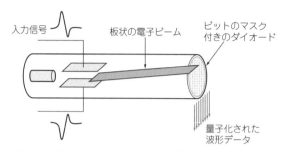

入力信号　　　板状の電子ビーム　　ビットのマスク
付きのダイオード

量子化された
波形データ

**図3.8　ブラウン管技術を応用した特殊な高速A-D変換
器の原理**
高速な A-D 変換が難しかったときのアイデアの一つ

　図3.7に，心臓部であるスキャン・コンバータの原理を示します．非常に小さな管面を持つ書き込み用のブラウン管に単発信号を電子ビームで描き，蓄積された電荷が消えないうちに反対側の読み取り用のブラウン管で「波形のイメージ」をスキャンして半導体メモリに記憶するという方法です．

　このアイデアはその後「超高輝度オシロスコープ」として進化し，現在でも販売されています．

● **幅広ビームを使ってA-D変換するアイデアも**

　高速な A-D 変換器を実現するためにはほかにもいろいろとユニークなアイデアがありました．

　ブラウン管の電子ビームは，ふつう表示分解能を向上させるために非常に細くして使いますが，これを横に広げて板状の電子ビームにし，管面に相当する部分に8ビットにコード化されたマスクの付いたダイオードを配置し，アナログとしての電子ビームの垂直方向の振れをディジタル化するというものです（**図3.8**）．この手法で2チャネル同時200 MS/sという当時としては傑出したサンプル・レートを実現していました．

● **データの記録できる範囲が非常に狭かった**

　これらの計測器のレコード長は500〜2000ポイント程度しかありませんでした．波形データは外部のコンピュータで処理され，波形間の四則演算，波形パラメータ演算，FFTなどを行っていました．非常に大がかりなラックに収められたシステムで，価格も最低2千万〜3千万円というものでした．

　現在ではこれらと同等の性能が1台で，しかも手頃な価格で実現されています．

3.4　ディジタル・オシロが不得意なこと

　アナログ・オシロスコープは入力された信号そのものが（周波数帯域という制限はあるものの）ブラウン管に表示されます．単発信号の取り込みが難しい，同じ時間に複数のチャネルを同時には表示できない，記録が困難，波形の演算処理が困難など，多くの欠点はありましたが，表示される情報量の多さから，主流ではなくなったものの，いまだに使われています．

　ディジタル・オシロスコープはアナログ・オシロスコープの欠点をA-D変換器とメモリを使って改善することからスタートしました．そのため，ストレージ・チューブを使用したストレージ・オシロスコープと区別するためディジタル・ストレージ・オシロスコープ（DSO）と呼ばれることもあります．

　登場当初のディジタル・ストレージ・オシロスコープは「アナログ・オシロスコープ＋ディジタル・

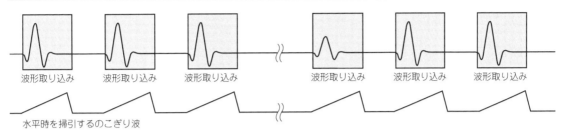

図3.9　アナログ・オシロスコープのデッド・タイムは短い
頻繁に画像を取り込んで描画している

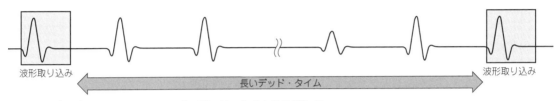

図3.10　ディジタル・オシロスコープのデッド・タイムは非常に長い
アナログ・オシロスコープに比べると非常に取りこぼしが多い

　ストレージ機能」という形で，アナログ・モードとディジタル・モードとを切り替えて使うタイプが主流でした．その後，ディジタル技術の進化によりアナログ・モードがなくなり，すべてをディジタル処理するモデルが主流になりました．

　実はこの段階で，ある意味，オシロスコープの一部の機能が低下しました．アナログ・オシロスコープが持っていた優れた点が消えてしまったのです．

　それは「アナログの持つデータの連続性がディジタル化（量子化）により失われる」点と，「データ処理時間による多大なデッド・タイムが存在する」点です．

3.4.1　ディジタル・オシロスコープのデメリット

● 波形の取りこぼしが多い

　アナログ・オシロスコープは図3.9のようにトリガがかかると即座に電子ビームを掃引して波形をブラウン管面に描きます．描き終わるとすぐに待機し，次のトリガを待ち，また波形を描きます．

　つまり波形を取り込まないデッド・タイムは小さくなります．

　しかしディジタル・オシロスコープの場合は，トリガ検出→A-D変換しメモリに記憶→データ処理→波形表示，と繰り返します．実はこのとき，データ処理と表示に非常に時間がかかります．つまり図3.10に示されるデッド・タイムが大きくなります．

　ディジタル・オシロスコープでは，一般的に1秒間あたりの波形取り込み回数，すなわち取り込まれる波形数は100回（波形）〜1000回（波形）程度です．

　1000回ならずいぶん多いように聞こえるかもしれませんが，そうではありません．時間軸を $0.1\,\mu s/$ divに設定すると，取り込まれる時間幅は，表示の横軸は10目盛りですから10倍の $1\,\mu s$ です．この時間

を1000回ですから，1000倍の1msになります．1秒間のうち，たった1msと考えると，0.1％に過ぎません．

波形の全体のうち0.1％しか見えていない，これがディジタル・オシロスコープの改良しなければならない問題の一つです．

最新の高性能オシロスコープではずいぶん改良されて，10万波形/秒以上の波形取り込みレートが実現され，100万波形/秒と言われるアナログ・オシロスコープに近い性能になってきました．従来は高額な業務用オシロスコープのみで実現されていましたが，最近では比較的安価なオシロスコープでも実現されています．

● 時間軸の設定で周波数帯域が変わってしまう

もう一つの問題が波形の連続性です．

アナログ・オシロスコープには大きな特徴があります．それは「時間軸の設定によらず周波数帯域は変わらない」ということです．

アナログ・オシロスコープの周波数帯域は時間軸の設定を変えても常に100MHzなら100MHz，1GHzなら1GHzという周波数特性は変わりません．時間軸を遅くすれば自然に塗りつぶしのような表示になりますから，変調波のエンベロープもごく自然に観測できます．

一方のディジタル・オシロスコープは，時間軸方向にサンプリングし，本来連続である時間をぶつぶつ切れた離散的なデータにします．

入力信号の周波数とサンプル・レートの間の標本化定理が常に満たされていればよいのですが，現実の製品はレコード長に物理的な制約があるため，時間軸を遅くするとサンプル・レートが遅くなります．

ディジタル・オシロスコープの主要性能である周波数帯域，最高サンプル・レート，レコード長はいつでもフルに使えるわけではありません．

例をあげてみましょう．

表3.1　時間軸設定を変えた場合の性能

リアルタイム・サンプルでの周波数帯域はサンプル・レートと補間機能から決まり，補間の方法によって「サンプル・レート/2.5」や「サンプル・レート/4」などがある．ここでは「サンプル・レート/4」およびアナログ周波数帯域の低い方とした

時間軸設定	サンプル・レート	ナイキスト周波数	リアルタイム・サンプルでの実効周波数帯域	表示サンプル数
0.5 ms/div	2 MS/s	1 MHz	500 kHz	10,000
0.2 ms/div	5 MS/s	2.5 MHz	1.25 MHz	10,000
0.1 ms/div	10 MS/s	5 MHz	2.5 MHz	10,000
50 μs/div	20 MS/s	10 MHz	5 MHz	10,000
20 μs/div	50 MS/s	25 MHz	12.5 MHz	10,000
10 μs/div	100 MS/s	50 MHz	25 MHz	10,000
5 μs/div	200 MS/s	100 MHz	50 MHz	10,000
2 μs/div	500 MS/s	250 MHz	100 MHz	10,000
1 μs/div	1 GS/s	500 MHz	100 MHz	10,000
0.5 μs/div	1 GS/s	500 MHz	100 MHz	5,000
0.2 μs/div	1 GS/s	500 MHz	100 MHz	2,000
0.1 μs/div	1 GS/s	500 MHz	100 MHz	1,000
50 ns/div	1 GS/s	500 MHz	100 MHz	500
20 ns/div	1 GS/s	500 MHz	100 MHz	200
10 ns/div	1 GS/s	500 MHz	100 MHz	100
5 ns/div	1 GS/s	500 MHz	100 MHz	50

　レコード長を10k（10,000）ポイント，最高サンプル・レートが1GS/s，周波数帯域100MHzオシロスコープの場合，実は性能をフルに生かせる条件は極めて限られているのです．

　時間軸を変えてサンプル・レートと表示されるポイント数がどう変化するかを考察すると**表3.1**のようになります．

　この表からわかることは，宣伝用スペックである100MHz帯域，最高サンプル・レート1GS/s，レコード長10kポイントが同時に成り立つ設定は1μs/divの1カ所だけであることです．

　1μs/divより速い時間軸は拡大表示になります．また時間軸を遅くして10μs/divにすると，ナイキスト周波数は50MHzに低下するので50MHzを越えた周波数成分があるとエラー（エイリアシング）が起こります．100MHzという周波数帯域を生かすことができません．

　このように時間軸を遅くしていくと，ある点を境にしてナイキスト周波数（＝サンプル・レートの半分）がどんどん下がる，つまり実質的に周波数帯域が下がります．

　つまりディジタル・オシロスコープの周波数帯域は時間軸の設定で変わることになります．これはアナログ・オシロスコープとは大きく異なる点です．

　時間軸の設定にかかわらず周波数帯域を維持するには，常に最高サンプルを維持して，レコード長を長くすれば良いのですが，1ms/divの場合には10Mポイント，10ms/divでは100Mポイントものレコード長が必要になります．

　1GS/sという高速で取り込んだデータを100Mポイントも記憶できるメモリは，技術的には可能ですがコストが上がります．また前述したとおり波形取り込みレートが低下します．この点でも最近は改良が進んでいます．

　ディジタル・オシロスコープが登場してから今日までの歴史の多くはこれらの点の改良だったと言えるでしょう．

3.5　進化するディジタル・オシロスコープ

3.5.1　最新機種はデメリットが大きく改善

● 大きく改善されつつある波形取り込みレート

　一部の機種ではまだまだ改善の必要はありますが，最近では比較的求めやすい価格の製品でも毎秒数10万波形の取り込みレートができる機種が増えてきました．これにより困難だった頻度が低い信号を捕捉できる可能性が高くなりました．

　波形取り込みレートがあまり高くない機種でも，波形を長時間画面に蓄積表示することで異常信号の捕捉可能性を上げることができます．

● ロング・レコードの使い勝手がよくなった

　以前は「ロング・レコード＝長時間記録」のイメージでしたが，最近の機種では時間軸設定を遅くした際に単にサンプル・レートを遅くするのではなく，最高サンプル・レートを維持したまま，レコード長を可変する機種が増えています．これにより時間軸設定により実効周波数帯域の低下が抑えられています．

● ロジック入力の追加

　入力4チャネルが主流になり，間口が広がりましたが，補助入力としてロジック入力を追加できる製

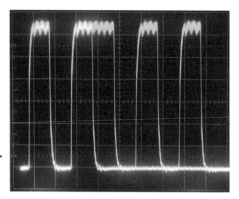

写真3.3 異常パルスのある信号をアナログ・オシロスコープで表示した例
たまにしか発生しない信号は目に見えない

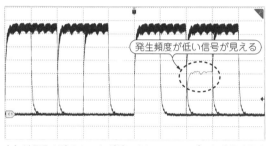

（a）波形取り込みレートが低いオシロスコープでも残光時間や取り込み時間をうまく設定すれば，たまにしか発生しない信号を見つけられる

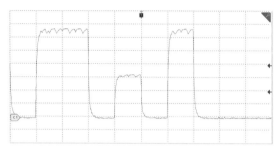

（b）トリガ機能を活用すればもっと明確に偶発波形を捉えられる

図3.11 異常パルスのある信号をディジタル・オシロスコープで表示した例

品が増えました．

　アナログ信号として評価する必要性が低い低速度の制御信号はハイ／ローが分かれば十分です．

　もしも飛び込みノイズが疑われるのであれば，そのときはアナログ・チャネルを使用すればよいわけです．特にI²C，SPIなどの制御信号を同時に解析する際は便利な機能です．

3.5.2　ディジタル・オシロスコープのメリット

　しかし，ディジタル・オシロスコープならではの良い点は次に挙げるようにたくさんあります．

　波形取り込みを止めて表示できる，複数チャネルを同時に取り込める，データが簡単に保存できる，演算処理ができる，そしてなにより低価格でも周波数帯域の広い製品が入手できます．

　ディジタル・オシロスコープの優れた例をお見せしましょう．

● 発生頻度が低い波形を確認できる

　発生頻度が低いグリッチ（異常パルス）のある信号です．アナログ・オシロスコープで観測しましたが，**写真3.3**のように何も見えません．

　アナログ・オシロスコープの波形取り込みレートは非常に高いため，高い確率でグリッチを電子ビームで描いているはずですが，発生頻度が低いために目視できるだけの発光量がなく，確認ができないの

図3.12 ディジタル・オシロスコープのメモリのイメージ

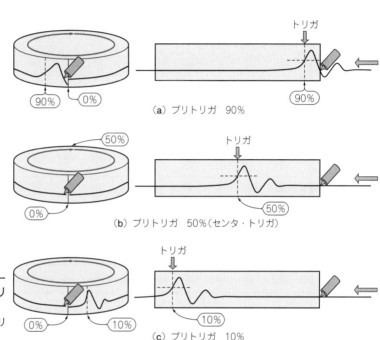

（a）プリトリガ 90％

（b）プリトリガ 50％（センタ・トリガ）

図3.13 ディジタル・オシロスコープならではのプリトリガ機能でトリガ以前の波形を確認できる
アナログ・オシロスコープではプリトリガを得ることは難しい

（c）プリトリガ 10％

です.

　この点を大幅に改善した超高輝度ブラウン管を採用した非常に高価なアナログ・オシロスコープがかつてありました. 前述のスキャン・コンバータという特殊なブラウン管を使った製品もこのような場合に能力を発揮します.

　さて, 同じ波形をディジタル・オシロスコープで観測するとどうでしょうか.

　波形の取り込みレートは格段に低いのですが, 1回でも取り込めれば記録できます. そこで残光時間を長くして10秒程取り込んだ結果が図3.11（a）です. どうでしょう, 見事にグリッチが見つかりました！

　さらに, ラント・トリガというアナログ・オシロスコープにはないトリガ機能を使い, 細いパルスがあった場合だけを見つけて取り込んだ例が図3.11（b）で, このように, 異常信号だけを取り込むこともできます.

　ディジタル・オシロスコープの性能, 機能はまだまだ進歩の途中で, 満足するレベルには達していませんが, それでも使いこなしに工夫をすれば多くの可能性を秘めています.

図3.14　トリガ・ポイント以降の任意の時間にデータを取り込む遅延取り込みの
概念
遅延掃引機能はアナログ・オシロスコープでもあるが，ディジタルの方がはるかに長く正
確な遅延時間を設定できる

表3.2　アナログ・オシロスコープとディジタル・オシロスコープの比較

特　徴	アナログ・オシロスコープ	ディジタル・オシロスコープ
波形の詳細な表現	◎	△ （安価な製品を除きかなり改善されつつある）
波形更新速度	速い	向上
単発波形の取り込み	× （カメラで撮る）	○
複数チャネル同時取り込み	×	○
トリガ以前の波形取り込み	× （トリガ・エッジ付近のみ可）	○
波形の記憶	△ （普通は画面をカメラで撮るしかない）	○
波形パラメータ演算	×	○
波形間の演算	×	○

● トリガ以前の波形を確認できる

　ディジタル・オシロスコープが持つ機能の一つに，トリガの時間的位置を自由に設定できることがあります．アナログ・オシロスコープでは，

　　　トリガの検出＝水平軸掃引のスタート

なので，トリガ以前を観測できません．トリガ・エッジの手前が表示されるように，途中に設けられに遅延線によるわずかな遅れ分だけが表示されます．ところが，ディジタル・オシロスコープではトリガ以前の波形も観測できます．

　ディジタル・オシロスコープは常に波形メモリにデータを書き続けています．図3.12のようにリング状に作られたメモリが回転して，エンドレスにデータを書き換え続けているイメージです．トリガはどの時点で波形取り込みを中止するのかを決めます．

　例えばトリガが検出され，その後メモリの10％だけ書き込んでストップすれば，図3.13（a）に示すようにトリガ点以前が90％残ります．50％書き込んでストップすれば図3.13（b）のようにメモリの真ん中がトリガ点になります．さらに90％書き込んでストップすれば図3.13（c）のようにトリガ点以前が10％だけ残ります．

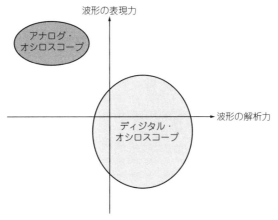

図3.15　同じオシロスコープでもアナログとディジタルでは異なる特徴を持つ

このように，ディジタル・オシロスコープでは自由にトリガ位置を設定することができます．トリガ・ポイント以前の部分を「プリトリガ領域」，トリガ・ポイント以降の部分を「ポストトリガ領域」と呼びます．

さらにディジタル・オシロスコープは内部にカウンタを持っており，**図3.14**に示されるようにトリガ・ポイント以降，任意の時間，データの取り込み（実は取り込みの中止）を遅らせることで，「遅延取り込み」が簡単に行えるようになっています．

● 波形の表示/解析も便利になった

ディジタル・オシロスコープは波形データをディジタル・データとして扱うので，ノイズを減らすためのアベレージ機能や繰り返し波形の蓄積（残光表示），取り込んだ後でのズーム表示など，アナログ・オシロスコープではできなかったさまざまな便利な機能を持っています．

特に著者が便利に思うのは波形の解析機能です．波形の四則演算，特に波形同士の積算機能により電圧波形と電流波形から電力波形を求めることができるようになりました．さらにフーリエ変換（FFT）を行えば波形データの周波数解析も可能になります．

アナログ・オシロスコープしかなかった頃，波形の面積を求めるために「波形の写真に縦横の細かいマス目を引いて，0.1目盛り単位で面積を数えた」とか，「波形をハサミで切り抜いて天秤秤で重さを測って比率を出した」などといった経験談を耳にしたことがありますが，隔世の感があります．

アナログ・オシロスコープとディジタル・オシロスコープの特徴を簡単にまとめると**表3.2**，および**図3.15**のようになります．

このように波形の観測能力にはまだまだディジタル・オシロスコープはアナログ・オシロスコープに一部で及ばない点はありますが，波形の解析・処理能力については圧倒的に優れています．そして何よりも低価格で広帯域のオシロスコープが入手できるようになりました．

ディジタル・オシロスコープの性能・機能はさまざまです．しかもそれぞれに「性格」があり，アプリケーションに向き不向きがあったりして最適な機器の選択は容易ではなくなっています．

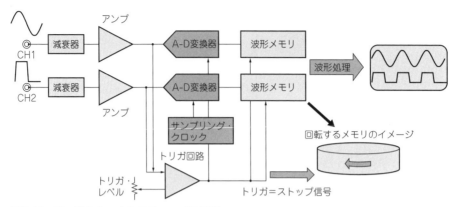

図3.16 ディジタル・オシロスコープの原理
入力からA-D変換器までの構成はアナログ・オシロスコープと同じ

3.6 ディジタル・オシロスコープの構造

図3.16がディジタル・オシロスコープの基本構造です.

入力コネクタに入った信号が減衰器を通り,アンプに入るまでは,アナログ・オシロスコープと同じです.オシロスコープの基本性能である周波数帯域はこの部分で決まります.

適切な信号レベルになった信号は,次にA-D変換器でディジタル化されます.どれくらいの時間間隔でディジタル化されるかがサンプル・レートです.ここで第2の性能である最高サンプル・レートが決まります.

ディジタル・オシロスコープの計測器としての電気的な性能は,ほぼアンプとA-D変換器で決まります.

ディジタル化された波形データは次に波形メモリに記憶されます.波形メモリのレコード長は,ディジタル・オシロスコープの登場当初は500～1000ポイント程度でしたが,現在では一般的な製品でも2500ポイントから10kポイント程度,高級品では100Mポイント以上の超ロング・レコードも実現されています.

Appendix D
波形の残像重ね書き表示をディジタル・オシロで

　オシロスコープは一瞬の信号の動きをつかまえるだけでなく，変動している信号の挙動を観測するにも大変便利な計測器です．

　多くのディジタル・オシロスコープには表示時間の設定があり，残像のように過去の信号イメージを残すことができます．常に変動している波形の全体像を把握したい場合には，適当な時間を設定することで容易に観測ができるようになります．

D.1.1 スイッチング・モード・オーディオ・アンプの波形のエッジがずれている？

　図D.1は，あるスイッチング・モード・オーディオ・アンプ（ディジタル・アンプ，あるいはD級アンプと称されることが多いが，動作からすればスイッチング回路である）のスイッチング段の電圧波形です．

　スイッチング回路は，パルス幅がある周波数で変調された信号を扱います．ですからその周波数，および高調波成分の不要輻射ノイズをいかに小さくするかが問題になります．

　このアンプでは図D.1から分かるようにスイッチング周期は約$1\,\mu\text{s}$（$1\,\text{MHz}$）になります．しかし，よく見てみると周波数が一定ではないようです．そこでトリガ後，1周期分の遅延をかけ，さらに時間軸を速くしてエッジの部分だけを取り込んだ結果が図D.2です．周期が$20\,\text{ns}$ずれた立ち上がりエッジが六つあることが分かります．

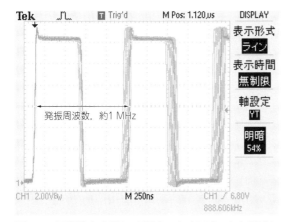

図D.1　周波数を変動して輻射ノイズのピークを低減しているスイッチング波形（2V/div，250 ns/div）

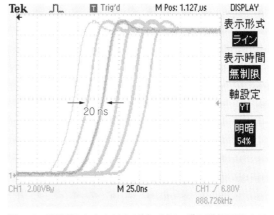

図D.2　遅延拡大をかければタイミングの詳細が分かる（2V/div，25 ns/div）

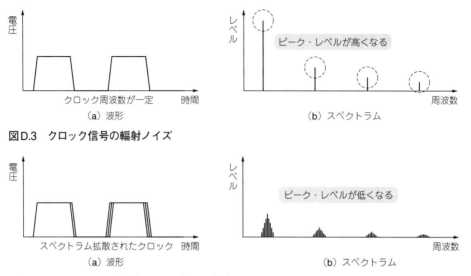

図D.3　クロック信号の輻射ノイズ

（a）波形　クロック周波数が一定　時間　電圧

（b）スペクトラム　ピーク・レベルが高くなる　周波数　レベル

図D.4　スペクトラムが拡散されてピークが抑えられる

（a）波形　スペクトラム拡散されたクロック　時間　電圧

（b）スペクトラム　ピーク・レベルが低くなる　周波数　レベル

D.1.2　輻射ノイズのピークを低減するスペクトラム拡散クロック波形の観測

　これはスペクトラム拡散クロック（SSC：Spread Spectrum Clock）と呼ばれる手法です．意図的に周波数を変化させることにより特定のピークを持った輻射ノイズが起こらないようにしているのです．

　クロック信号は立ち上がり，立ち下がり部分に高調波成分を持っているために，**図D.3**のように基本繰り返し周波数，および高調波の周波数の輻射ノイズを発生します．

　スペクトラム拡散クロックを使えば，**図D.4**のように輻射ノイズのピークのレベルを下げることができます．

　このように，常に変化している波形の全体像をつかむのに，重ね書きモードはとても便利な機能です．

　表示時間は無限大まで何段階かで設定できます．無制限にしておけば，発生頻度が低い異常信号を取り込める確率が大きくなります．

電圧や時間を「正しく」測定する

　オシロスコープで波形を観測する目的は，動作確認からトラブルシュート，さらにはコンプライアンス・テストと呼ばれる規格適合試験までと広い範囲に及びます．

　周波数範囲は直流から高周波まで取り扱います．波形形状は，正弦波やパルス波，繰り返し周期性の少ないディジタル・データ列，ビデオ信号に代表される複雑な繰り返し波形，1回しか起こらない放電現象のような単発波形，繰り返し波形の中でまれに起こるような発生頻度の低い波形まで取り扱います．

　このため，オシロスコープという計測器で精度良く計測するためには，オペレータのスキルに依存する部分がかなり多くなります．

　本章は，オシロスコープのいろいろな機能を使って，より正確で確実な波形取り込みを行うための手法を説明します．

4.1　測定に必要な「レコード長」を選ぶ

4.1.1　「レコード長」は周波数帯域と違ってやりくりできる

　第2章で説明した通り，オシロスコープには以下の3大性能があります．

　　1) 周波数帯域
　　2) サンプル・レート
　　3) レコード長

どれも大事な性能ですが，信号を正しく計測するためには譲れない約束があります．

　まず，周波数帯域は絶対に外せません．被計測信号の持つ周波数成分を通過できないと波形の形が変わってしまいます．サンプル・レートは信号が持つ最高周波数成分の2倍以上のサンプル・レートがなければなりません．この二つは信号の計測品質を保つ上では必ずクリアしなければなりません．

　レコード長は，短くても何とかなる場合が少なくありません．確かにサンプル・レートを適正に保ったまま，長時間のデータを全部取り込もうとすると長いレコード長（ロング・レコード）が必要です．しかし，トリガやディレイ機能を工夫し，必要なエリアだけに絞って取り込みをすれば，レコード長は短くて済むことがあります．

　例えば，図4.1に示すような超音波を加えてからエコーが戻って来るまでの時間計測があります．簡単に考えるとロング・レコードが必要です．しかし，オシロスコープは適度なディレイをかけてから波形データを取り込めます．加えたパルスでトリガをかけた後，取り込みウィンドウの中での反射波の位置を正確に求めてディレイ時間を正確に設定すれば，短いレコード長でも波形を取り込めます（図4.2）．

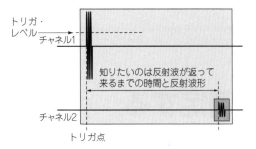

図4.1　全体を取り込んで反射波形を確認する場合はロング・レコードが必要

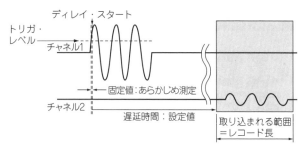

図4.2　あらかじめ時間遅延を設定すれば短いレコード長でも反射波形を確認できる

ロング・レコードを使った場合には，実際は何も来ない無信号部分を無駄に取り込んでいるわけですから，ここは工夫をすれば効率的な計測ができるところです．

4.1.2　どんな信号を測るかで最適なレコード長が異なる

適切なレコード長はどのような信号を観測するのか，波形のどの部分を観測したいのかで異なります．二つのケースに分けて説明します．

●(1) クロック信号の全体，または一部を観測したい

測定したいクロック信号の周波数が20 MHz，立ち上がり時間／立ち下がり時間が5 nsと仮定します（図4.3）．最も急しゅんに変化する部分のサンプルは数ポイント必要です．立ち上がりエッジに合わせてサンプル間隔は1 ns，つまりサンプル・レートで1 GS/s（サンプル／秒）が必要です．

クロックの1周期は20 MHzの逆数，50 nsですから，全体を取り込むには50 ns÷1 ns＝50ポイントあれば足りることになります．意外とレコード長は短くて済む場合もあります．

実際のオシロスコープでは1画面のレコード長は500～1000ポイント程度が多いようです．レコード長が500ポイントとすると，1 GS/sでA-D変換器が動作している場合の取り込み時間は500 nsです．水平軸は10目盛りありますから，時間軸設定にすると50 ns/divになる計算です．

すなわち図4.4に示すようにパルス波形のパラメータ測定などの場合，レコード長は短くて構わない

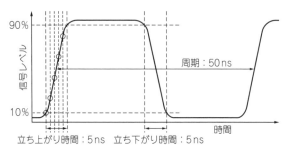

図4.3　クロック信号を観測したいときは立ち上がりエッジでサンプル・レートが決まり，必要なレコード長が求まる

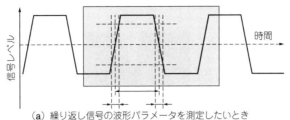

（a）繰り返し信号の波形パラメータを測定したいとき

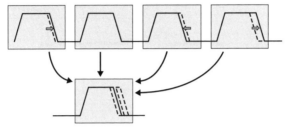

（b）変動する繰り返し波形を連続的に観測したいとき

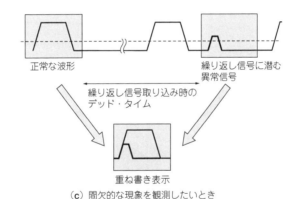

正常な波形　　　　　　　　繰り返し信号に潜む
　　　　　　　　　　　　　異常信号

繰り返し信号取り込み時の
デッド・タイム

重ね書き表示

（c）間欠的な現象を観測したいとき

図4.4　繰り返し波形の観測はレコード長が短くてよい

わけです．そのほか，繰り返し波形の細かい変動を連続的に観測したい場合や間欠的な現象を観測する場合のレコード長は短くて構いません．かえってデータ処理時間が少なくて済み，都合が良くなります．

●（2）AC入力の力率改善スイッチング電源などの複雑な波形全体を観測したい

　アナログ回路は少なくなりましたが，パワー・エレクトロニクス分野は測定が最も困難な例です．特にPFC（力率）改善がなされるスイッチング電源では，商用電源（50Hz/60Hz）を全波整流した1周期（10ms/8.33ms）分のスイッチング波形全体を取り込む必要があります．

　図4.5のように，サンプル間隔400psが必要な場合のレコード長は，

　　　10ms ÷ 400ps = 25Mポイント

です．サンプル間隔2nsでは5Mポイント必要です．

　1周期全体のスイッチング損失を求める場合には膨大な計算を行うため，専用の解析アプリケーション・ソフトウェアが有効です．図4.6はその一例です．

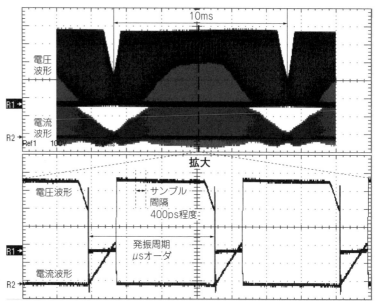

図4.5　PFC（力率）改善式スイッチ
ングの電圧，電流波形
商用電源の半周期期間を高速サンプリ
ングで取り込む必要がある

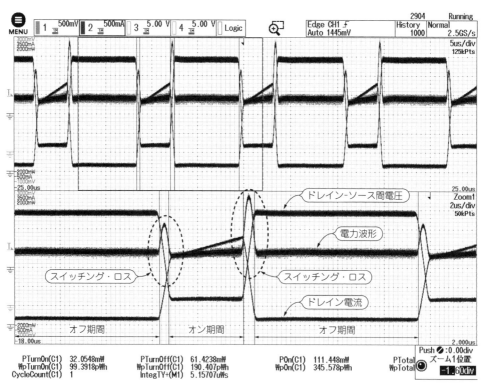

図4.6　電力損失を解析できるオシロスコープ用アプリケーション
自動的にスイッチング期間を切り分けて区間別の損失が求まる

4.2 波形の目視確認に重要「取り込みレート」

4.2.1 レコード長は長ければよいのか？

レコード長が長ければサンプル・レートを高速に保ったまま長い時間波形データを取り込めます．しかし，ディジタル・オシロスコープの波形メモリは高速で動作しているため，パソコンのように簡単に大きなメモリを搭載できません．

レコード長は長ければ良いのでしょうか．コストに制約がある基本計測器クラスのレコード長はあまり長くありませんが，中級機になるとロング・レコードの製品が多くなります．

レコード長が1Mポイント，最高サンプル・レートが1GS/sというオシロスコープを仮定してみましょう．もしレコード長が1Mポイントに固定されているとすると，最高サンプル・レートでの取り込み時間は1ns×1M＝1msです．

しかしこのような条件で測定することは，波形のようすを目視で観測することに最適なのでしょうか．

1Mポイントのデータを取り込んでも，画面表示はXGA（1024×768画素）程度の分解能です．横軸の表示は1000（1k）ポイント程度です．図4.7に示すように目視確認という意味では1Mポイントの波形データから1000ポイントの画像データへ，1/1000圧縮されたものを観測することになります．せっかく1nsの時間分解能で波形を取り込んでも画面に反映するためには高度な画像表示処理が必要です．ほとんどの製品では，処理時間がかかり波形更新速度が大きく低下します．

4.2.2 目視確認では適切なレコード長の選択が重要

目視確認で大事なことは「波形取り込みレート（データ更新レート）」です．もしサンプル・レートが同じ1GS/sのまま，レコード長を1/1000の1kポイントにしたら波形取り込み時間は1/1000の1μsになります．

瞬時に波形処理ができる理想的なオシロスコープがあれば，すべての波形を表示できる理屈ですが，実際はそうはいきません．

オシロスコープは，次のシーケンスで動作します．

トリガ待ち→波形取り込み→波形処理→表示用データ作成→波形表示→トリガ待ち

波形更新レートは理想より落ちるのが現実です．これは「波形取り込みレート」という性能で表されま

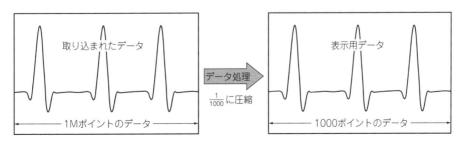

図4.7 波形表示のためのデータ処理

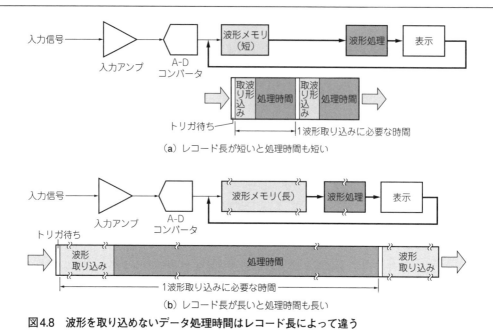

（a）レコード長が短いと処理時間も短い

（b）レコード長が長いと処理時間も長い

図4.8　波形を取り込めないデータ処理時間はレコード長によって違う

す．信号の動きをなるべくリアルタイムで観測するためには大事な性能です．

　図4.8にレコード長（波形メモリのデータ長）が短い場合と，長い場合のデータ処理時間の動作の違いを示します．

　一般のオシロスコープの波形取り込みレート（更新レート）は1000波形/s程度です．このため実際に見えている時間の割合はすごく少ないのです．

　波形取り込みレートが遅いと，**図4.9（a）**に示されるように間欠的に発生する信号をなかなか取り込めません．逆に速い場合には**図4.9（b）**に示されるように，時折しか発生しない異常信号を取り込む可能性が高くなります．

　波形取り込みレートを上げるためにはレコード長を短くすることが近道です．ですからレコード長が変えられる場合には目的に合ったレコード長を選択することが大切です．

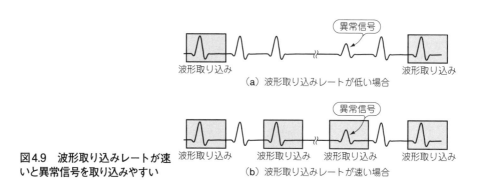

図4.9　波形取り込みレートが速いと異常信号を取り込みやすい

（a）波形取り込みレートが低い場合

（b）波形取り込みレートが速い場合

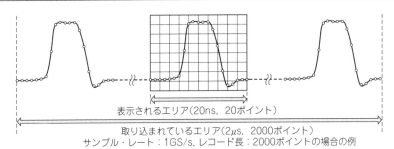

表示されるエリア(20ns, 20ポイント)

取り込まれているエリア(2μs, 2000ポイント)
サンプル・レート：1GS/s, レコード長：2000ポイントの場合の例

図4.10　高速な時間軸設定はズーム表示になる

ロング・レコードで高速波形取り込みレートをうたい文句にしているオシロスコープは，速い時間軸で繰り返し信号を取り込むときは自動的にレコード長が短くなるようになっているようです．

4.2.3　繰り返し波形を速い時間軸で観測する場合，ロング・レコードの意味はあまりない

サンプル・レートの上限にはハードウェアの限界があります．

最高サンプル・レートが1GS/sでレコード長が2000ポイントのオシロスコープの場合，この条件での取り込み時間は1ns×2000＝2μsです．時間軸は横10目盛りですから0.2μs/divになります．

これより速い時間軸設定の場合は，レコード長を短くするのではなく，図4.10に示されるように自動的にズーム表示になるのが普通です．例えば，高速パルスのエッジを観測しようとして時間軸を2ns/divにすると，0.2μs÷2ns＝100となり100倍のズームがかかります．

10目盛りで表示されるポイント数は1/100の20ポイントに，1目盛りをたったの2ポイントのデータで表示することになります．

でも実際の表示波形はスムーズな曲線ですね．これは，多くのオシロスコープが，$\sin(x)/x$ などのディジタル・フィルタで補間しているからです．このように繰り返し波形を速い時間軸で観測する場合，レコード長を長くすることにはあまり意味がありません．

そのためロング・レコードを装備する中級機以上では多くがレコード長をマニュアルで可変，または時間軸の設定により自動で設定されるようになっています．

著者としてはオシロスコープの数々の機能を駆使することにより，短めのレコードで十分なデータが取れるケースが多いのではないかと思っています．

4.3　電圧を「正しく」測定する

4.3.1　ゼロ電位のずれを避けるにはウォーミング・アップが大切

電子技術≒ディジタル技術となり，スイッチONですぐに使えることが当たり前になりました．でもちょっと待ってください．計測対象がディジタル回路といっても，回路を構成するデバイスが教科書通りの論理式で動くのであれば何もオシロスコープを使う必要はありません．

測りたいことは，時間の微妙なずれや，波形の乱れ，つまりアナログ観測です．オシロスコープはまさにアナログ信号として観測する計測器であり，心臓部は高速なアナログ技術が使われています．

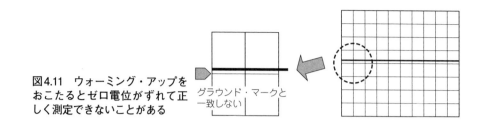

図4.11　ウォーミング・アップを
おこたるとゼロ電位がずれて正
しく測定できないことがある

グラウンド・マークと
一致しない

アナログ回路の動作は，ディジタル回路に比べて温度依存性が高いという特徴があります．このため正確な計測のためにはオシロスコープに電源を入れてから少なくとも20～30分のウォーミング・アップが必要です．

特に注意する点がアンプのオフセットです．ディスプレイの左端を見ると「→」などでゼロ電位が表示されています．この位置がオシロスコープにとってのゼロ電位になります．カーソルにおける絶対電圧計測や，波形パラメータ演算におけるゼロ電位はここが基準になります．

さて，全くの無信号時に波形の位置と「→」が一致しているでしょうか（図4.11）．

実は機器が温まっていないとずれていることがあります．これがずれていると，無信号であってもあたかも直流電圧が入力されているかのようにオシロスコープは計算してしまいます．このためパルスのゼロ電位の真値を知ろうとしても分かりません．

また，十分にウォーミング・アップを行ってもゼロ電位が合わない場合があります．この場合は自己校正を行ってみましょう．大概の場合，これで解決できるはずです．

4.3.2　正しい感度（電圧分解能）の決め方

ディジタル・オシロスコープの原理を図4.12で簡単に復習します．

入力コネクタに入力された電圧波形は，感度設定に応じて，減衰器（アッテネータ）で次段のアンプのダイナミック・レンジに合うような電圧に調整されます．次にA-D変換器でディジタル・データに変換され波形メモリに記録されます．時間軸分解能はA-D変換器の速度（クロック）によって決まります．

オシロスコープの能力を十分に発揮するためには，できるだけA-D変換器の入力レンジいっぱいに

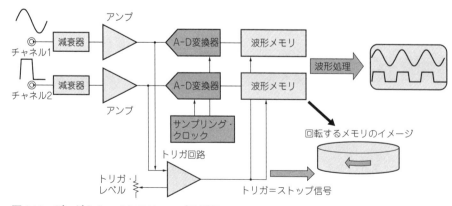

図4.12　ディジタル・オシロスコープの原理

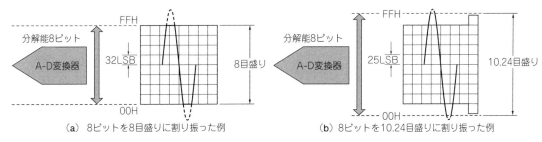

（a）8ビットを8目盛りに割り振った例　　　　（b）8ビットを10.24目盛りに割り振った例

図4.13　フルスケールの目盛りあたりの分解能

なるような電圧感度にする必要があります．一般に，オシロスコープに使われているA-D変換器のビット数は8ビットなので，分解能は1/256になります．これを電圧目盛りにどのように割り振るのかは，メーカや機種により異なります．一般には1電圧目盛り当たり25〜32 LSB（Least Significant Bit）になります．8目盛りと10目盛り強をフルスケールにした例を**図4.13**に示します．

　仮に25 LSB／目盛りだとすると，2目盛りしか電圧振幅がなければ50 LSBでしか電圧方向に量子化できません．これでは測定する電圧の精度を高めることはできません．もし6目盛りあれば150 LSB得られるので，より精度の高い計測が行えます．

　1目盛り＝25 LSBのオシロスコープでA-D変換器のダイナミック・レンジの確認をしてみました．

　まず，**図4.14（a）**のように表示部分（8目盛り）いっぱいの振幅になるように信号を入力します．

　次に**図4.14（b）**のように上方向に波形がはみ出す（オーバーレンジ）ようにポジションを2目盛り上げて信号を取り込みます．

　最後に**図4.14（c）**のように信号取り込みを停止し，元の位置まで波形を下げます．するとどこまで波形が取り込めたのか確認できます．

　予想通り，1目盛り少し（28 LSB）分の余裕があることが分かります．

　　28 LSB（上部）＋25 LSB×8目盛り（表示部）＋28 LSB（下部）

で合計256 LSB（8ビット分解能）になります．

　このように上下に余裕を持った設計の場合，多少信号が画面に収まらなくてもオーバーレンジしないという長所があります．しかし1目盛り当たりの分解能が下がる短所があります．

　逆に画面いっぱいをA-D変換器の入力レンジに割り振った場合の，長所，短所は全く別になります．

　ロジック信号の観測など，予想外の振幅の信号がほとんどない場合は余裕がなくても，分解能が高いという恩恵を常時得られます．

　いずれにせよ大事なことは，ダイナミック・レンジを意識して電圧感度を設定することです．場合によっては電圧感度を可変モードに切り替えて，適切な振幅が得られるようにしてもよいでしょう．

4.3.3　電圧分解能が実際に振幅の測定精度に与える影響

　実際の信号を使って振幅が測定精度に与える影響を検証してみましょう．複数チャネル，特に4チャネル・オシロスコープを使っている場合には**図4.15**のように振幅を小さくして表示をしていませんか（この例では1チャネルしか表示していないが）．

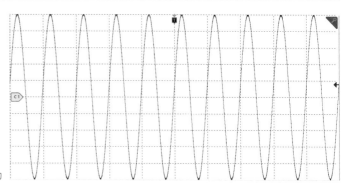

（a）垂直10目盛りの信号を入力

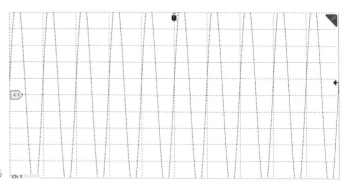

（b）波形がはみだすように信号の振幅を大きくする

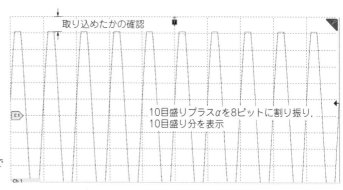

取り込めたかの確認

10目盛りプラスαを8ビットに割り振り，
10目盛り分を表示

（c）取り込み停止後に1目盛り下げると，どこまで
　　波形が取り込まれているのか確認できる

図4.14　オシロスコープでA-D変換器のダイナミック・レンジを確認する方法（500mV/div，20 μs/div；1.25GS/s，250kpts）

　自動計測のピーク・ツー・ピーク（P-P）値は5.00Vになっています．しかしこの電圧感度5V/divでは振幅は1目盛りしかありません．つまりA-D変換器のダイナミック・レンジの1/10くらいしか使っていません．

　そこで電圧感度を上げて500 mV/div，8目盛り程度の振幅表示にすると**図4.16**のようになります．

　自動パラメータ演算の分解能もしっかり出ています．以降で触れるパラメータ演算のアルゴリズムにより，電圧分解能が不足すると時間関係の計測精度にも悪影響を与えます．

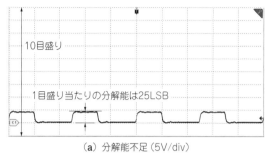

（a）分解能不足（5V/div）

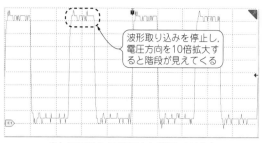

（b）電圧軸を 10 倍に拡大（500mV/div）

波形取り込みを停止し，電圧方向を 10 倍拡大すると階段が見えてくる

図4.15 不適切な電圧感度（40ns/div）

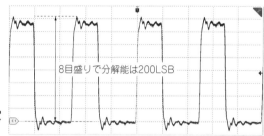

図4.16 適切な電圧感度設定
（500 mV/div，40 ns/div）

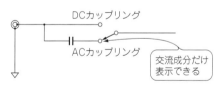

図4.17 入力はDCカップリングとACカップリングとで切り替えられる

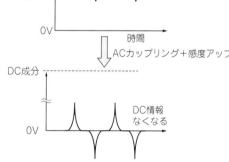

図4.18 ACカップリングして感度を上げれば直流に重畳した微小な信号を測定できる

4.3.4 電流リプルの測定にはACカップリング入力を使う

　電圧（上下）方向に波形を移動したい場合には垂直ポジション・コントロールのつまみを使います．しかし直流（DC）に重畳している交流成分，例えば電源のリプルを観測したい場合には，いくら垂直ポジションのつまみを回しても調整範囲には限りがあります．そのために使われるのが入力カップリングの切り替えです（**図4.17**）.

　ACカップリングは直流成分をカットして交流成分のみを表示できます．直流成分がなくなれば信号の平均値はゼロです．**図4.18**のように感度を上げてDC電源に重畳した低電圧のリプルだけを高感度で測定できます．

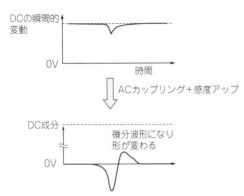

図4.19 瞬間的な変動を観測する場合ACカップリングでは電圧変化が微分される

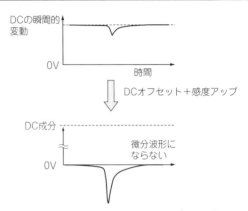

図4.20 瞬間的な変動はDCカップリングとオフセット機能により観測する

4.3.5 瞬間的な電圧降下の測定にはオフセットを使う

負荷が急に変動した場合の電源電圧のドロップとリカバリを観測する場合が増えています.「パワー・インテグリティ」と言われているので,耳にされた方もいると思います.

最近は電源電圧がどんどん下がってきています.デバイスの消費電力はほとんど変わらないとすると電流は逆に増えています.そのためボードの配線などの影響により瞬間的な電源電圧のドロップが無視できなくなっています.ACカップリングでは図4.19に示すように変動する電圧波形が微分されてしまうため,正しい波形が取り込めません.

瞬時の変化を取り込む場合にはACカップリングを使うことは不適切です.そこで登場するのがオフセット機能です.残念ながらこの機能はすべてのオシロスコープに搭載されているわけではありませんが,簡単に紹介します.

オフセットを使用すれば,図4.20のように垂直方向にげたを履かせることができます.加えられるオフセット量は電圧感度によって異なります.この機能とシングル・トリガを使えば確実に瞬時の電圧変化を捕らえられます.

4.4 時間を「正しく」測定するために

4.4.1 正しい時間軸（サンプル・レート）を設定

時間軸の設定はとても大切です.皆さんが自分の目でタイミングを計測されるのなら,測りたい部分をなるべく拡大して見るでしょう.時間軸もそのように設定すればOKです.

しかしディジタル・オシロスコープ特有の盲点があります.それはズームです.

カメラに例えてみれば分かりますが,ズームには2種類あります.ズーム・レンズを使った光学ズームとディジタル・ズームです.この二つは全く異なります.光学ズームはレンズの段階で光学的にカメラ本体に入る画像を拡大します.

オシロスコープで言えばアナログ的に拡大されてからディジタル化されるイメージです.一方のディジタル・ズームはディジタル信号処理による拡大ですから全く動作が異なります.

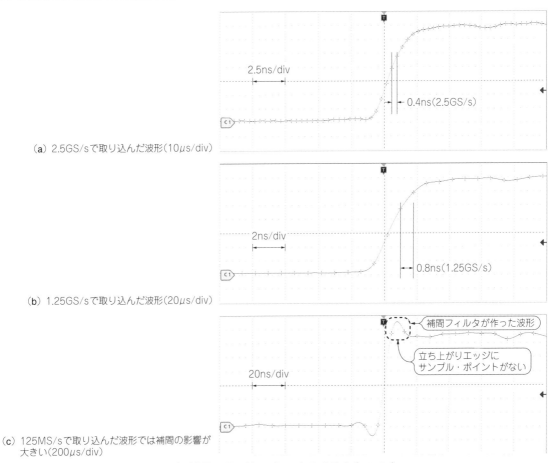

（a）2.5GS/sで取り込んだ波形（10μs/div）

2.5ns/div

0.4ns(2.5GS/s)

2ns/div

0.8ns(1.25GS/s)

（b）1.25GS/sで取り込んだ波形（20μs/div）

補間フィルタが作った波形

立ち上がりエッジに
サンプル・ポイントがない

20ns/div

（c）125MS/sで取り込んだ波形では補間の影響が
　　大きい（200μs/div）

図4.21　サンプル周期を変えて同じ波形を取り込み後にズームしたようす（1V/div）

4.4.2　必要な時間分解能を分かっていることが重要

　同じことが波形データでも起こり得ます．サンプル・レートの設定が遅く，波形の変化に満足に追随できない状態では，適切にズームできません．

　同じ信号を，サンプル・レートを変えて（時間軸を変えて）取り込み後，ズームで拡大してみましょう．

　図4.21（a）の波形はこのオシロスコープの最高サンプル・レート2.5 GS/sで取り込んだ結果です．

　時間軸設定を変えて1.25 GS/sで取り込んだ例を**図4.21**に示します．この場合レコード長は250 kポイントです．1.25 GS/s（サンプル周期0.8 ns）での取り込み時間は0.8 × 250 k = 200 μsです．つまり20 μs/divのとき1.25 GS/sで動作します．

　図4.21（a）では立ち上がりエッジ部分に10ポイント近くのサンプル・ポイントがあり，波形は正しくサンプリングされています．

　一方，サンプル・レートが半分の1.25 GS/sになる**図4.21**（b）ではサンプル・ポイントが4ポイントに減りますが，ほぼ波形は再現されています．サンプル・レートが125 MS/sの**図4.21**（c）ではエッジ

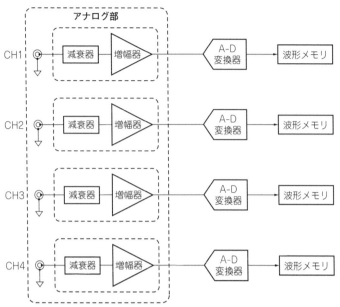

図4.22 4チャネル・オシロスコープの構成
各チャネル独立した同じ回路構成になっている

部分にサンプル・ポイントがなく，補間フィルタの影響が大きくでています．これでは正しい測定とはいえません．

　このオシロスコープの場合には，高速時間軸での繰り返し取り込み時には$\sin (x) /x$補間，ズーム時に直線補間を行うので，実際の時間分解能や補間のようすが感覚的に分かります．しかしサイン補間の場合，1ポイントでもデータがあればそれらしい波形が表示されます．これは知っていないと恐ろしいことです．画像データの場合は分解能の不足は即画像のぼやけとして認識できます．しかし，波形データの場合は補間方法によっては分かりにくいこともあります．

　ズームは動作状態を理解した上で使用しないと「正しく」波形を表示することができません．

4.4.3　使用するチャネル数でサンプル・レートやレコード長が変わる製品もある

　4チャネルのオシロスコープであれば図4.22のようにすべてのチャネルに独立したアナログ部，A-D変換器，波形メモリが同時に動作しています．

　一部のオシロスコープでは，図4.23のようにチャネル1とチャネル2，チャネル3とチャネル4のA-D変換器と波形メモリをマージすることでサンプル・レートやレコード長を2倍にしています．

　またチャネル1のみの動作では，図4.24のように四つのチャネルをマージしてサンプル・レートとレコード長を4倍にします．

　カタログ・スペックではハーフ・チャネルまたはシングル・チャネルでの性能を表示していることもあり，これは嘘ではないのですが，やはり全チャネル使用時の性能を重視すべきです．

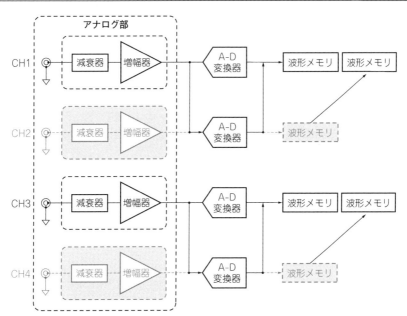

図4.23　チャネル数を半分にしてサンプル・レートとレコード長を2倍にする
多くのオシロスコープではチャネル1とチャネル2，チャネル3とチャネル4をマージする

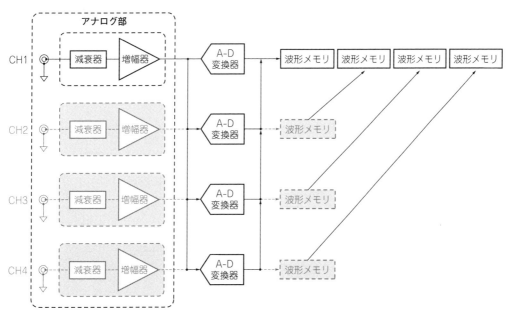

図4.24　チャネル1のみを使いサンプル・レートとレコード長を4倍にする
このモードでのサンプル・レート，レコード長を表示するデータ・シートもあるので注意

オシロスコープとパソコンの連係

● パソコンの役割…ロギングやオシロの制御

　オシロスコープの波形データは昔から保存することが日常茶飯事でした．アナログ・オシロスコープ時代はもっぱらカメラ，それもその場で現像できるポラロイド・カメラが主流でした．ディジタル・オシロスコープの登場でプリンタに出力する方法が現れましたが，パソコンの普及によりパソコンと組み合わせる例が多くなりました．

　ディジタル・オシロスコープの登場当初はまだまだ波形処理能力が低く，パソコンでの処理が必要でした．そのため，GPIBなどのインターフェース経由でディジタル・オシロスコープの波形データをパソコンに転送し，波形演算，処理を行わせた例が多く見られました．いわゆる波形自動解析装置です．

　最近のオシロスコープはロー・コスト・モデルでも内部で波形同士の演算や，さらにはフーリエ変換までこなせるものが登場しています．

　また，USBやイーサネットに対応した製品も増えてきており，簡単にパソコンに接続できます．以前のように一切の波形処理をパソコンで行うことも可能ですが，処理時間のことを考えると，できる作業はオシロスコープに任せてしまった方が楽になります（**図4.A**）．特にレコード長が長くなるとパソコンの負担はかなりのものです．1kや10kポイントのデータならまだしも，数Mポイントのレコードの処理になると非現実的です．

　パソコンの役割としては，オシロスコープではできない処理，例えばオシロスコープの動作の制御や波形パラメータのロギングなどを行うことが多いようです．

● オシロの役割…瞬時値と実効値の測定

　オシロスコープでは常に動いている，あるいは時々動くような波形を相手にします．このため表される電圧値はその瞬間電圧の値（瞬時値）です．

　電圧値を示す方法にはほかにもありますが，よく使われているのが実効値です．これは単位時間当たりの電力を直流に換算したらいくらになるのかという値です．

　ひずみのない正弦波の場合，実効値は最大値の $1/\sqrt{2}$ 倍になります．商用電源の100Vというのは実効値表示ですからピーク電圧は約±141Vになります．オシロスコープではマルチメータで測定できない周波数の信号やひずんでいる波形でも実効値が求まります．

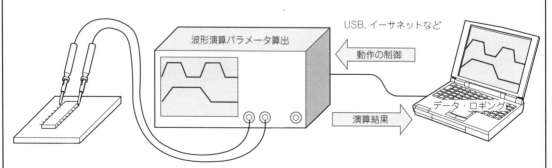

図4.A　オシロスコープはパソコンと連係するとより強力!
オシロスコープで演算した結果をパソコンにロギングしているようす

第5章
便利な「自動パラメータ測定」と
落とし穴

　ディジタル・オシロスコープは波形をディジタル・データとして内部に取り込みます．以前はGPIB
などのバスを使って，外部のパソコンに波形データを転送し，波形を解析しなければならなかったこと
でも，プロセッサの進歩によりオシロスコープ単体でいろいろな処理ができるようになりました．波形
パラメータを自動的に測定する機能はその好例です．しかし，取り込まれた波形データが正しくなけれ
ば，いくら計算をしても無駄になります．本章は波形パラメータ演算の活用を説明します．

5.1　ディジタル・オシロが便利な点…パラメータの自動計算&表示

　ディジタル・オシロスコープの便利な点は，周波数，振幅，立ち上がり時間などの波形パラメータ
（図5.1）を自動的に算出して表示してくれることです．より正しい値を求めるために自動測定のアルゴ
リズムを理解しましょう．
　パラメータ演算は図5.2に示されるアルゴリズムで行われます．各種パラメータの求め方は次の通りです．

① 波形データを各電圧レベルから見て，密度が高い「ロー・レベル：0％」と「ハイ・レベル：
　100％」を見つける．
② 上記の結果から10％，50％，90％のレベルを算出する．
③ これらのレベルに相当するポイントを探す．通常，ぴったりと合う点はないので近似アルゴリ
　ズムで求める（図5.3）．
④ 信号の1周期は左から見て最初の50％クロス点と三つ目のクロス点の時間差とする．
⑤ 立ち上がり時間は左から見て最初の10％クロス点と90％クロス点の時間差とする．

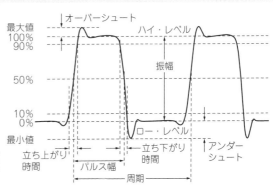

図5.1　ディジタル・オシロスコープは
周波数や振幅，立ち上がり時間などの波
形パラメータを自動的に算出できる

平均値や実効値は区分求積法で算出します. もしも電圧および時間分解能が十分でなければ, 結果は誤差の多いものになります.

5.2　実際の自動測定で…立ち上がり時間がばらつく

オシロスコープで実際に自動測定するとどのような結果が得られるのか, プローブの校正信号を使って説明します. 測定項目は,

- 周波数
- 最大値
- 最小値
- 立ち上がり時間
- パルス幅

です. 結果は**図5.4**のようになりました. 測定結果の中で立ち上がり時間だけ「？」が付いています.

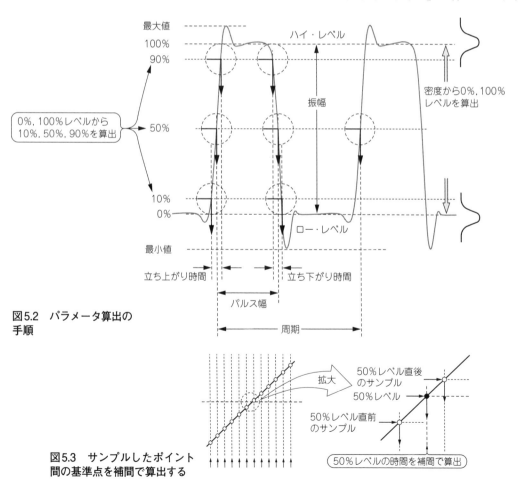

図5.2　パラメータ算出の手順

図5.3　サンプルしたポイント間の基準点を補間で算出する

これはオシロスコープが「測定確度に疑念あり」と警告しています.

　図5.4のときのサンプル・レートは，レコード長2500ポイント，水平軸1目盛り当たり250ポイントです．時間軸設定が250μs/divということは，サンプル・インターバルは250μs÷250＝1μs（1Mサンプル/s）で波形を取り込んでいます．どうも信号の立ち上がり時間に比べてサンプル・レートが十分でないようです.

　実際にオシロスコープに取り込まれた波形データをCSVファイルで出力し，立ち上がり部分を拡大したところ図5.5のようになりました．これを見ても立ち上がりスロープ部分のサンプリング数が足りないことが分かります．この測定ではサンプル・インターバルは1μsでしたから，立ち上がり部分に1ポイントか2ポイントしかデータ・ポイントがありません．そのために測定するたびに結果がばらついてしまったのです.

　そこで時間軸を速めて（1μs/div），再度測定を行いました．図5.6に観測波形を示します．サンプル・インターバルは250倍速い4ns（250MS/s）です．立ち上がり時間の測定結果は1.016μsとなりました．目視でも1μs位と確認できます.

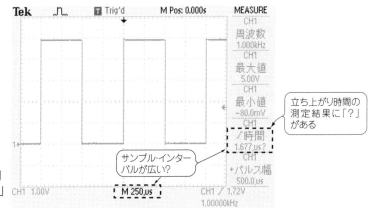

図5.4　パラメータ演算の結果例
測定結果に疑念があることを「？」
で警告している

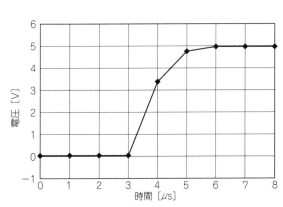

図5.5　実際に1μsごとに取り込まれたデータ…サンプリング数不足が明らかに

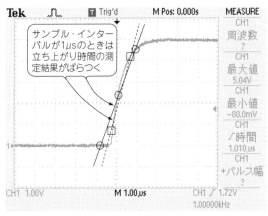

図5.6　サンプル・レートを250MS/sと速くした場合の取得波形にサンプル不足時1μs/divのサンプル点を書き入れた

図5.6のように，この測定例に先ほどのサンプル・インターバル1μsの点を書き加えてみると，その違いがよく分かると思います．先ほどの被測定波形とサンプルは非同期ですから，1回ごとに取り込むポイントが異なります．立ち上がり部分に十分なサンプル・ポイントがないと，極端な場合○印のように立ち上がりエッジに1ポイントしか取れない場合と，□印のように2ポイント取れる場合ができてしまいます．サンプル・ポイントが不足した場合，立ち上がり時間の測定結果がばらつき，立ち上がり時間の測定がうまくいかないことが分かります．

5.3　波形を正しく自動測定するにはサンプル・レートを意識する

どのような設定で自動測定を行えばよいのか別の例で考えてみましょう．ここでは周期800ns，立ち上がり時間20nsのパルス波形の周期および立ち上がり時間を実測するとします（**図5.7**）．手元にあるオシロスコープの性能を次のように仮定します．

- アナログ回路の周波数帯域；100MHz
- 最高サンプル・レート；1GS/s
- レコード長；1000ポイント

波形をひずませずに取り込めるかどうか，周波数帯域が足りているかどうかの検証をします．アナログ周波数帯域100MHzのオシロスコープの立ち上がり時間は3.5nsです．信号の立ち上がり時間20nsに対して約6倍速いのですから問題ありません．

時間軸を100ns/divにすれば，周期800nsのパルスを1周期取り込むことができます．このときのサンプル間隔は，1目盛り当たりのサンプル・ポイントが1000÷10＝100ですから，100ns÷100＝1ns（1GS/s）になります．つまり，最高サンプル・レートで動作しています．立ち上がり部分の20nsには20ポイント程度取ることができますから，自動測定で波形パラメータを算出しても問題ありません．

ここで立ち上がり時間20nsのまま，信号波形の周期を8μsに変えて自動測定した場合はどうでしょうか．時間軸の設定は10倍の1μs/divになり，サンプル間隔も10倍の10ns（100MS/s）になります．すると図5.8に示されるように，立ち上がり部分には2ポイントのサンプルしか得られないので，立ち

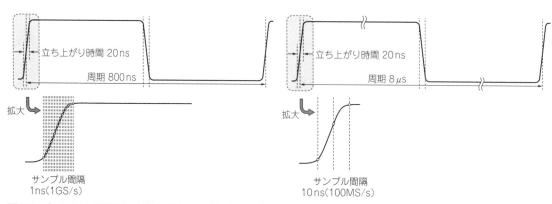

図5.7　立ち上がり部分に十分なサンプル数があれば自動測定できる

図5.8　長い周期と同時に立ち上がり時間を自動測定しようとすると十分なサンプル数を得られない場合がある

上がり時間の測定には不十分な分解能になります．つまりこのケースでは，周期と立ち上がり時間を同時には測定できないことになります．同時に複数のパラメータを測定したい場合，すべてのパラメータを演算するに十分な分解能が得られているかどうか確認する必要があります．分解能が十分に取れない場合には設定を変えながら測定を繰り返すことになります．

5.4　自動測定に適したサンプル・レートの検証

　大切なことなので別の信号を使って再度検証してみましょう．図5.9（a）は適切な設定により自動測定した例です．1周期を高分解能で測定できる時間軸設定であり，かつ立ち上がり部分にも適切なサンプルが得られています．

　同じ信号を100倍遅い時間軸で取り込んだ例を図5.9（b）に示します．サンプル・レートは250Mサンプル/s（サンプル間隔4ns）で動作しています．サンプル数が1周期，約50nsに対して12ポイント程度と少ないため，測定結果にも「?」マークが表示されています．取り込まれた波形をズーム表示で拡大すると，図5.9（c）のように粗いサンプル時間で自動測定できないことが分かります．

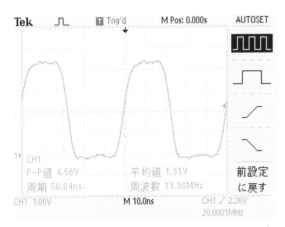

（a）サンプル・レートを適切に設定したとき（1V/div，10ns/div）

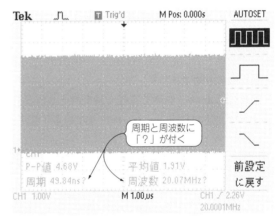

（b）時間軸を長くしたとき（1V/div，1μs/div）

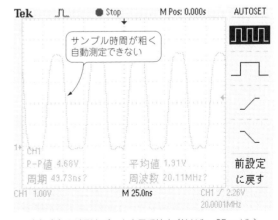

図5.9　十分な時間分解能を得られないと自動測定できない

（c）（b）の波形をズーム表示で拡大（1V/div，25ns/div）

5.5 ロング・レコード長での自動パラメータ測定の注意点

　ディジタル・オシロスコープの便利な点は，ノイズを減らせるアベレージや立ち上がり時間などの波形パラメータを自動で算出してくれることです．

　現在でも入門クラスのオシロスコープでは，**図5.10**のように波形メモリに取り込んだ実波形データをそのまま使って波形処理やパラメータ演算を行っています．

　また中級クラスのオシロスコープの多くも同じ動作を行っています．このため取り込みに使用したサンプル・レートがそのまま演算に使われます．

　オシロスコープに対する性能要求として動作の高速化があります．波形を取り込み，処理，表示の工程で波形データの長さは動作時間に大きな影響を与えます．波形メモリ長が短かったころはプロセッサの高速化で対応できましたが，数十Mポイントが普通になった今ではコストを抑えたまま，ロング・レコードと高速化を両立させる手法が求められます．

　そこで一部の製品で使用される手法が「波形データの圧縮」です．**図5.11**のようにいったん波形メモリに取り込まれた実波形データを圧縮し，レコード長を短くしたデータを使って波形処理や波形パラメータ演算を行います．

　この手法は実用的です．多くの場合，精度的に問題は起こりません．ただしレコード長を極端に長い状態で使用すると，実波形データを外部出力してパソコンで処理した結果とオシロスコープでの結果に差異が起こり得ます．

　図5.12はレコード長を自動で時間軸を20ns/divで立ち上がりエッジを観測した例です．サンプル・レートは高速の8GS/s，レコード長は自動的に1.6kポイントに設定され，測定にまったく問題はありま

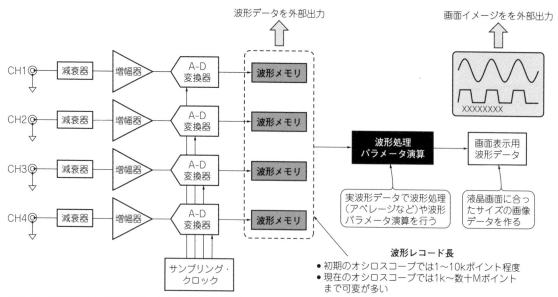

図5.10　取り込まれた波形データをそのまま波形処理，演算に使用
レコード長の長短に関係なく生データを処理するため，処理時間がかかることがある

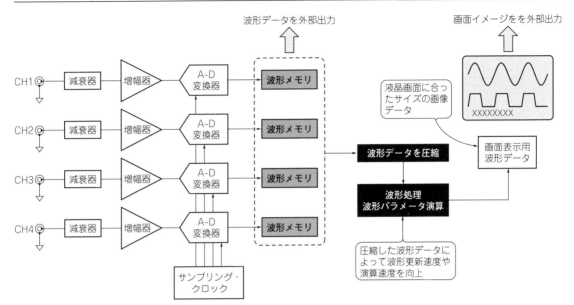

図5.11 波形データを圧縮（リサンプル）して処理するオシロスコープ
レコード長が長い場合は誤差が出る可能性がある

せん．波形パラメータ演算による立ち上がり時間の結果は10.125nsです．

図5.13はサンプル・レート8GS/sを維持したまま，意図的にレコード長を10Mポイントにしました．PWM変調解析などではありえる設定です．波形パラメータ演算は中心部で行われていますが，立ち上がり時間の結果は12nsになりました．データ・シートなどで公表されていませんが，演算用波形は圧縮データと考えられます．

この結果は製品の個性と考えればよいと思います．もし実波形データで演算を行うと，処理時間が大幅に増加します．または高額な波形処理エンジンを搭載しなければなりません．

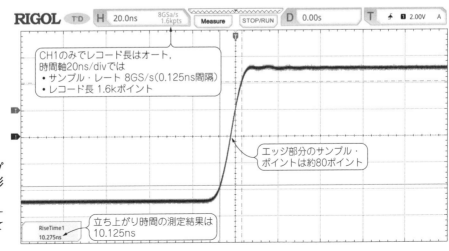

図5.12 高速サンプリングされた生波形データでの測定結果
8GS/sのサンプル・データを使って計算されている

CH1のみでレコード長はオート，時間軸20ns/divでは
• サンプル・レート 8GS/s（0.125ns間隔）
• レコード長 1.6kポイント

エッジ部分のサンプル・ポイントは約80ポイント

RiseTime1
10.275ns

立ち上がり時間の測定結果は10.125ns

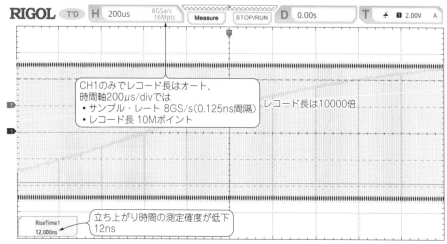

図5.13　レコード長が長い場合の波形パラメータ演算結果
分解能が低下することがわかる

5.6　自動パラメータ測定に注意が必要な場合

5.6.1　繰り返し波形のパラメータ測定

　図5.14を見てください．オシロスコープの目盛りから波形の実効値を読み取ることは，ひずみのないサイン波でない限り無理です．オシロスコープの自動パラメータ演算では簡単に算出してくれますが，

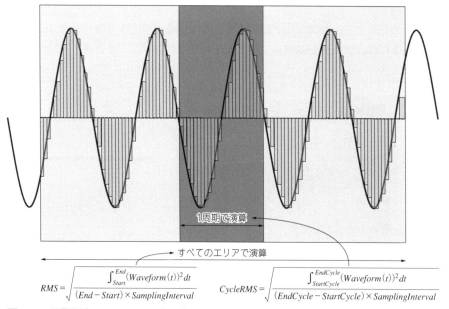

図5.14　周期測定モードのアルゴリズム
実効値などの時間で正規化されるパラメータは周期測定モードにする

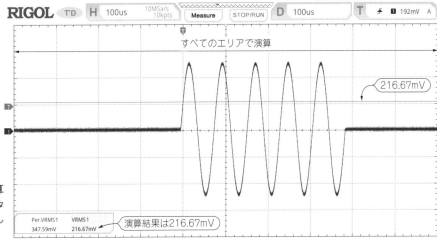

図5.15　全期間で演算
取り込まれる波形データ
は通常整数周期と一致し
ない

2点注意が必要です.

> - 演算区間を指定しないときはすべてのエリアで実効値演算を行います（**図5.15**）.
> - 周期演算では1周期を切り出してその範囲で演算します（**図5.16**）.

実効値は時間で正規化されていますので周期演算が正解です.

　図5.16は周期演算です. こちらが正解なのはいうまでもありません. 実効値に限らず周期性波形の場合には注意が必要です.

5.6.2　拡張トリガと組み合わせて効率アップ
　自動パラメータ演算を応用すると計測効率を上げることができます.

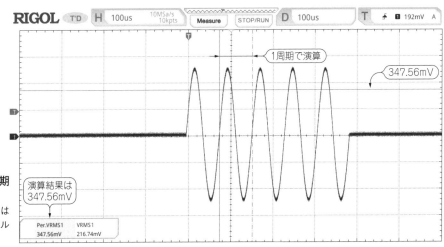

図5.16　中心の1周期
で実効値を算出
どの部分を抽出するかは
オシロスコープのモデル
により異なる

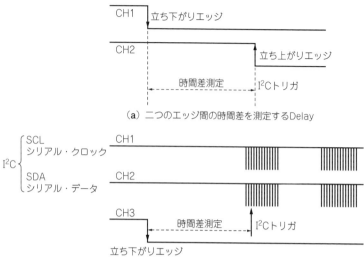

（a）二つのエッジ間の時間差を測定するDelay

図5.17　時間差を測定する　　（b）リセット・パルス（CH3　立ち下がりエッジ）と特定アドレス間の時間差測定

　多くのオシロスコープには自動計測の項目に"DELAY"があります．例えば**図5.17（a）**のように任意のパルス・エッジ間の時間差を測定します．一部のオシロスコープにはエッジ〜エッジ間に加えてエッジ〜トリガ間の時間差を測定，さらに時間差の分散表示ができます．

　図5.17（b）はI^2Cトリガを応用して，パルス・エッジ〜任意のアドレス間の時間差を求める方法です．

　図5.18は実測例です．チャネル3の立ち下がりエッジとI^2Cアドレス（18H）間の時間を測定します．さらに下部では複数回の取り込みを行い，時間差の分布のようすを表示します．

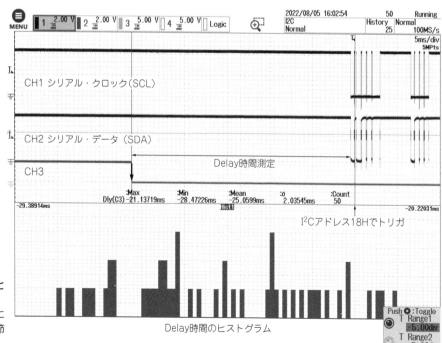

図5.18　時間差測定と測定結果の分散表示
数百回の実験を行う時には測定時間の大幅な節約ができる

第6章
正しい波形測定に欠かせない
「トリガ」のテクニック

6.1　オシロの測定を左右する…「トリガ」とは何ぞや

観測したい信号には次のようにいろいろな特徴があります.

- 常に同じ信号を繰り返す場合
- 1回しか起きない場合
- 繰り返しの中に時々変化がある場合
- 非常に長いデータ列

これらのように時間とともに流れ去っていく信号のある瞬間を捕らえるのがトリガです（図6.1）.

トリガはオシロスコープの確度にはあまり影響を及ぼさないことが多いのですが，目的とする信号を確実に捕らえなければ話になりません. トリガの使いこなしはオシロスコープの使い方の基本であり，オシロスコープの性能をフルに引き出せるかどうかは，トリガを使いこなせるかどうかにかかっていると言っても過言ではありません.

トリガ回路はオシロスコープだけでなく，周波数カウンタやスペクトラム・アナライザのゲーテッド・スイープなどで広く使われている回路で,オシロスコープではとりわけ大切な役目を持ちます. それは，高性能・高機能なオシロスコープほど，多くのトリガ機能を持つことからも分かります.

最近では，比較的安価なオシロスコープでも，ずいぶんとたくさんのトリガ機能を持っています. しかし，高額なオシロスコープを仕事で使っている方でも，拡張トリガ機能を使いこなしている方は多くはないと思います.

図6.1　流れ去っていく時間のある瞬間を捕らえるのがトリガ

ある瞬間の信号をつかまえたい

6.2 トリガの基本と使い方

6.2.1 基本の確認…トリガ・レベルとトリガ・スロープ

すべてのオシロスコープに搭載されているのがエッジ・トリガです．トリガ・レベルとトリガ・スロープ，この二つの要素で決まります．図6.2 (a) のようにトリガ・レベルつまみで設定した直流電圧を超えるか，図6.2 (b) のように切るかの点がトリガ点になります．トリガ点の水平位置は自由に変えられますが，初期設定では真ん中がトリガ位置になります．

実際の信号でトリガ・レベルとスロープを切り替えてみましょう．図6.3 (a) がトリガ・レベル0 V，トリガ・スロープがプラスの場合です．

スロープをマイナスに切り替えます．すると図6.3 (b) のようにトリガ点が変化します．

今度はトリガ・スロープをプラスに戻し，トリガ・レベルを400 mVにします．すると図6.4 (a) のようにトリガ点が上に移動します．

トリガ・スロープをマイナスにすれば今度は図6.4 (b) のように400 mVから下がった点でトリガがかかります．

エッジ・トリガはとても簡単ですが，電圧レベルと立ち上がり／下がりのAND条件が成り立つところはすべてトリガ条件になり得ます．従って，トリガになってほしくないポイントでトリガされてしまうこともあります．

例えば，ビデオ信号はその代表的なもので，エッジ・トリガでは安定してトリガをかけることは困難です．テクニックを駆使すれば可能ですが，簡単に誰でもかけられるように専用のビデオ・トリガ機能が用意されているオシロスコープも多くあります．

ディジタル信号もトリガをかけにくい信号と言えるでしょう．周期性があるようなないような信号です．トリガ・レベルとトリガ・スロープという単純な条件を満たすポイントがあまりに多いため，確実なトリガを困難にしています．

それならざっくりと長時間記録でデータを捕っておき，あとからゆっくり探し出せば…．時間とお金のある方はそれでもよいでしょうが，限られた予算で最高の結果を出す方法を考えましょう．

6.2.2 トリガにはどのチャネルを選ぶのか

アナログ・オシロスコープは波形を描く電子ビームが1本しかないため（極特殊なデュアル・ビーム

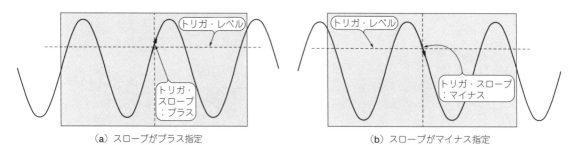

（a）スロープがプラス指定　　　　　　　　　　　（b）スロープがマイナス指定

図6.2　エッジ・トリガは電圧レベルと波形の遷移

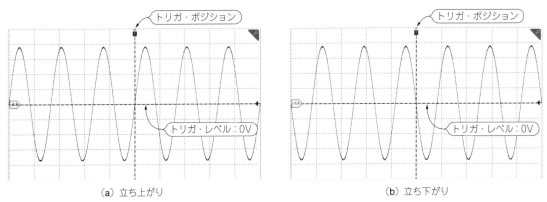

図6.3　エッジ・トリガの条件を0Vに指定し取り込んだ波形（200mV/div，400μs/div）

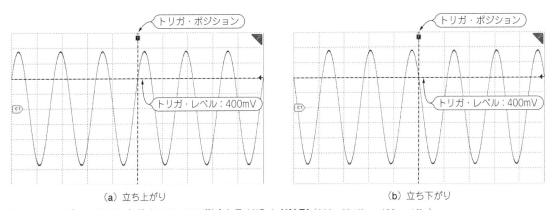

図6.4　エッジ・トリガの条件を200mVに指定し取り込んだ波形（200mV/div，400μs/div）

というのもあったが），通常はトリガごとに別々のチャネルを描いています．これをオルタネートと呼びますが，チャネル間の時間的な相関を同時に見られません．比較的低速な信号においては，チャネルを高速で切り替えて表示します．これをチョップと呼びます．

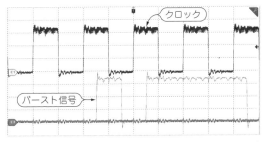

（a）バースト信号を安定して表示できていない（1V/div，100ns）

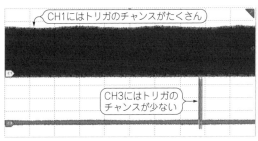

（b）時間軸を遅くするとバースト信号の位置が不定であることが分かる（1V/div，20μs/div）

図6.5　クロック信号をトリガ信号にするとクロックに同期したバースト信号を観測できない

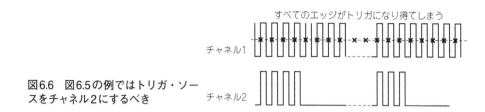

すべてのエッジがトリガになり得てしまう

チャネル1

チャネル2

図6.6　図6.5の例ではトリガ・ソースをチャネル2にするべき

現在のディジタル・オシロスコープは，通常2チャネル，または4チャネル入力を同時に取り込み，表示します．ここで大事なのは，トリガ信号にどのチャネルを使うかです．これはオート・セットアップではあまり考慮されていないようです．通常，番号の小さいチャネルが自動的にトリガ・ソースに選ばれるようです．

図6.5はチャネル1にクロック信号，チャネル2にクロックに同期したバースト信号を入力した例です．チャネル1をトリガ・ソースにすると，すべてのクロック・エッジがトリガになり得てしまい，チャネル2のバースト信号を安定して表示できません．繰り返し取り込んだ場合，図6.6のようにチャネル2のバースト信号の位置が定まりません．

トリガ・ソースをバースト信号を入力したチャネル2にすれば，図6.7のようにバーストの先頭で安定してトリガがかかります．そのまま時間軸を短くすると，チャネル1のクロックとチャネル2のバー

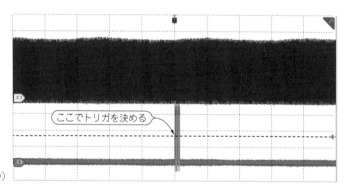

（a）トリガ・ソースをチャネル2にした（40μs/div）

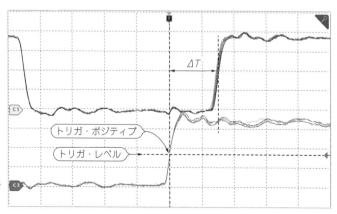

（b）時間軸を短くしたことで2チャネル間の時間が測れる（10ns/div）

図6.7　チャネル2をトリガに使ったことで信号間のタイミング計測が可能となった

スト信号の微妙な時間差が見えてきます.

　チャネル2でもトリガ条件を満たす点が少なからずありますが, オシロスコープ内部でのデータ処理に費やす時間がトリガ・ホールドオフとして働くため, バースト列の先頭がトリガとなる確率が高くなります.

6.2.3　さまざまな波形の取り込みでトリガ・モードを使い分ける

　常に連続した信号を測るだけであれば, あまり苦労はありません. オート・セットアップを行って, あとは今まで説明した多少のテクニックを駆使すればOKです.

　ところが世の中にはいろいろな信号があります. 実際のデバッグでは, 例えば, リセット信号や特定のスイッチが押されたときだけ現れる信号を見たいというようなことが少なくありません.

　トリガ・モードは, 初期設定ではオート・トリガになっています. せっかくですからノーマル・トリガやシングル・トリガも駆使してみましょう.

　オシロスコープは次から次へと画面を更新しています. 信号が繰り返し発生する場合には, 特定のポイントを取り込みのスタート点 (ディジタル・オシロスコープの場合は標準ではセンタ) に決めて, 時間的に整合をとれば, その点は固定されて観測できることになります. これがトリガ (引き金) です.

● オート・トリガ

　オート・トリガでは図6.8に示されるように, トリガが一定時間発生しない場合はオシロスコープが波形のタイミングに関係なく自動的に波形を取り込みます. ですから無信号状態でも波形を更新できます. 信号の状態をざっくりと観測するには便利です.

● ノーマル・トリガ

　ノーマル・トリガは, 信号が来ていてもトリガ条件を満足しない限り信号の取り込みを行いません

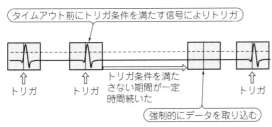

図6.8　オート・トリガはトリガ条件に合わないデータも取り込む

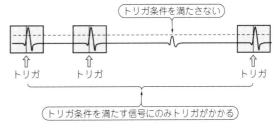

図6.9　ノーマル・トリガは条件を満たす信号のみ取り込む

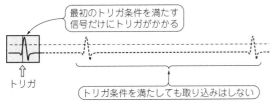

図6.10　シングル・トリガは条件を満たす信号を一度だけ取り込む

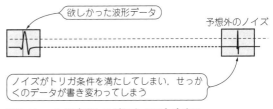

図6.11　ノイズがトリガになることもある

（**図6.9**）．設定したトリガ条件が満たされたときだけ，信号の取り込みを行います．これは信号が間欠的に発生する場合にとても便利な機能です．

信号がなくなっても（トリガ条件が満たされなくても），直前に取り込んだ波形を画面に表示し続けることができるディジタル・オシロスコープの時代になってから，特に便利さが増したと思います．アナログ・オシロスコープでは一瞬光っておしまいですね．

● シングル・トリガ

シングル・トリガは，波形を待ち受けてトリガ条件を満たせば，1回だけ取り込んでおしまい，あとはどんな信号が来ても何も行いません（**図6.10**）．1回限りの放電現象などの取り込みに使われます．最近はシングル・アクイジション（単発取り込み）といって，トリガのメニューにはなく，ほかの取り込みメニューの中で選択する場合もあります．

「ノーマル・トリガでも単発信号は取り込めるのでは？」，「2回目の信号が来ないならそのままオシロスコープは待ち受けているだけでは？」，という疑問をお持ちの方はいませんか．確かにその通りです．

でも，大切な実験データの取り込みが終わったあと，何らかのノイズが入り，そのノイズでトリガがかかったらどうなるでしょうか．大切なデータがノイズに書き換えられてしまいます（**図6.11**）．

6.3　さらに上手にトリガをかけるテクニックあれこれ

オシロスコープを使いこなす上で，トリガはオペレータの成熟度に頼る部分が多いです．どの信号をトリガ・ソースにするか，トリガのモードはどうするかに加えて，安定したトリガを得ることが大切です．

信号にノイズがほとんどない場合は，簡単に安定したトリガが得られます．しかしノイズが多くなると，**図6.12**のようにトリガの位置が左右にずれたり，トリガ・スロープが反転したりすることがあります．

表計算ソフトウェアのExcelを使ってサイン波とノイズ（ランダム関数）を作ってみました（**図6.13**）．このようにわれわれが見ている信号は，信号とノイズが足し合わされたものです．数学的な手法を使えばあらかたのノイズは除去できるのでしょうが，オシロスコープはリアルタイムで処理しなければなりません．

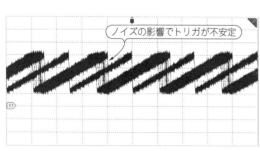

図6.12　ノイズの影響でトリガが安定しない例

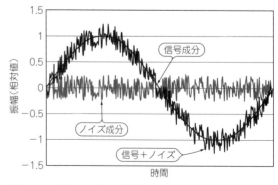

図6.13　信号には真の信号とノイズが合わさっている

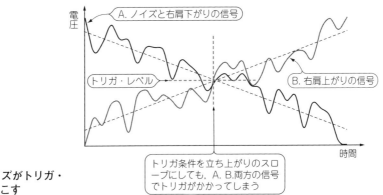

図6.14 ノイズがトリガ・
ミスを引き起こす

　このようなノイズを含んだ波形を細かく見てみると，トリガが安定しない理由が分かってきます．図6.14ではプラス方向のスロープで考えましたが，設定したトリガ・レベルを横切る点はノイズの影響で左右にシフトします．信号は右肩下がりでも，ノイズによりプラスのスロープでトリガ条件を満たす点もあるので，あたかもトリガ・スロープが誤動作しているように見えてしまいます．

6.3.1　フィルタを利用してノイズの影響を取り除く

　ノイズの影響を除く手法として，オシロスコープには通常，二つのトリガ・フィルタが搭載されます．ハイパス・フィルタとローパス・フィルタです．

　トリガに使われる信号は，チャネル1，チャネル2などのアンプ，または外部トリガ入力端子から得られます．この信号をハイパス・フィルタ，またはローパス・フィルタを通すことによって，トリガを不安定にするノイズ成分を除去します（図6.15）．このフィルタはトリガ・ソースで選ばれた信号に適用されます．もし信号に低周波のノイズが重畳されているならば低周波除去を，逆に高周波のノイズが重畳されているならば高周波除去を行います．

　図6.16が同じ信号に高周波除去のフィルタを使用した例です．安定してトリガがかかっています．

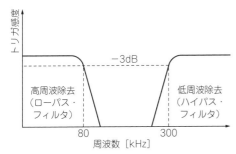

図6.15　ローパス・フィルタおよびハイパス・
フィルタの周波数特性の例

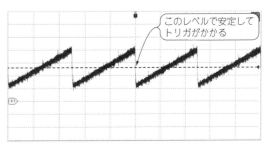

図6.16　フィルタを利用すると例えば図5.30の波形で
も安定してトリガがかかる

103

6.3.2 トリガ・ホールドオフを使う

　周期性のある信号の場合はトリガ・ホールドオフを使うと安定なトリガをかけられます．**図6.17**（a）
は周期の長いPWM波の例です．

　エッジ・トリガの条件を満たすポイントはたくさんあるため，繰り返し表示では表示が安定しません．
この場合は，**図6.17**（b）のように次に取り込みを開始するまでの時間調整を設けるトリガ・ホールド
オフが有効です．**図6.18**は安定したトリガをかけにくいAM変調波をトリガ・ホールドオフを併用し
て取り込んだ例です．

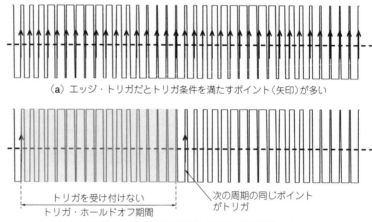

（a）エッジ・トリガだとトリガ条件を満たすポイント（矢印）が多い

**図6.17　次のトリガを受け付けるま
での時間を調整する**

トリガを受け付けない
トリガ・ホールドオフ期間

次の周期の同じポイント
がトリガ

（b）次のトリガを受け付けるまでの時間を調整する

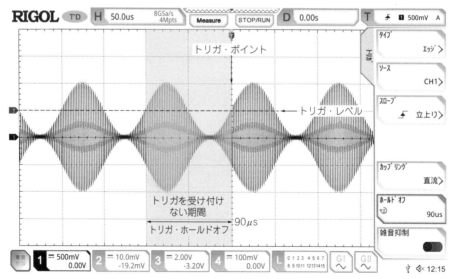

**図6.18　変調波の周期を考慮したトリガ・ホールドオフ設定によってAM変調波に安定した
トリガをかける**

6.3.3　外部の信号をトリガとして利用する

　ある特定のタイミングで信号を捕らえたいとき，そのタイミングとなるべく相関の高い信号がないか探してみます．2チャネルのオシロスコープで二つの信号の関係を見たいのに，それらの信号で確実なトリガを得ることが困難な場合もあります．

　例えば時々エラーが起こり，そのときのメモリをアクセスしている，クロックとデータのタイミング関係を見たいという場合があります．そのようなときは，**図6.19**に示すように同じプリント基板上または装置上でエラーに関係する信号を探して，外部トリガ信号として利用します．

6.3.4　誤動作を示す信号を利用する

　適切なタイミングでトリガをかけようとすると，チャネル数が足りないことがあります．オシロスコープのチャネル数は2チャネルか4チャネルがほとんどです．比較的安価な機種では，まだまだ2チャネルが主流です．この場合にはできるだけ外部トリガを利用しましょう．

　観測したいタイミングで発生する信号（例えば誤動作を警告するインジケータの信号）をトリガとすれば，必ずその瞬間の前後を捕まえられます．そして二つのチャネルを疑わしい個所の解析に使用できます．

　図6.20の例は，何らかのエラー情報をトリガにして，メモリ・アクセスのようすを観測する方法です．高額なオシロスコープであればセットアップ時間，およびホールド時間の違反を検出するトリガが組み込まれていますが，安価な機種でもくふう次第で観測できることもあります．

6.3.5　遅延取り込みを利用する

　オシロスコープのレコード長（内蔵メモリ）が無限で，しかもデータ処理速度が飛躍的に高まれば，取り込んだデータをどんどん記録して，リアルタイムで解析できるのですが，実際のレコード長はまだまだ短く，処理時間もかかります．

　最近のハイエンドのオシロスコープでは，数百Mポイントのレコード長を持つ機種もありますが，取り込んだデータの処理に時間がかかります．また目的とするデータを探し出すことが大変です．本当に必要なデータだけを効率良く取り込むことが理想です（**図6.21**）．

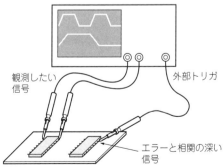

図6.19　エラーと相関の高い信号を外部トリガとして利用する

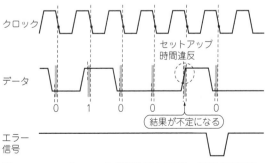

図6.20　セットアップ時間違反の観測…結果が不定になるときをエラー信号をトリガとして観測する

105

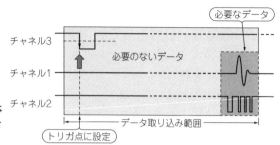

図6.21 ロング・レコードで全体を取り込む…必要のないデータを多数取り込むことになる

限られたレコード長に必要なデータだけを確実に取り込む，その手段が確実なトリガの設定であり，また遅延取り込みの活用です．トリガ点は測定の「基準点」です．でも欲しいデータはそこから一定時間遅れたときに現れる…，そんなときに役立つのが遅延取り込みです．

実際の操作は**図6.22**のように，トリガ点を時間の基準（ゼロ）と考え，設定した時間だけ遅れた時点を中心に波形を取り込みます．遅延時間は機種によりますが，数十msから数十sを設定できます．

6.3.6　重ね書きを利用し，まれに発生する事象を取り込む

トラブル・シューティングでは，まれにしか発生しない信号を捕らえる必要がたびたび生じます．

しかし，起こっていることをすべて見ようと思っても，どうしても無理があります．デッド・タイムが少ないと言われるアナログ・オシロスコープでも，ディジタル回路で多用される高速掃引時には，見えている時間は半分以下に低下します．ディジタル・オシロスコープの場合，一部の高級機を除いて毎秒の波形取り込み数は数百〜千波形程度しかありません．そのため全事象の1%以下しか観測できないのではないでしょうか．

単位時間当たりの情報量が少なければ，全体の情報量を増やすためには長時間の観測を行います．このときに役に立つのが残光時間無限大表示です．**図6.23**のように波形取り込みを始めてからずっと波形を蓄積し，重ね書きしてくれます．しばらくオシロスコープをそのままにしておいて，お茶を飲んでいれば，異常現象を捕らえていることを期待できます．

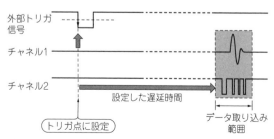

図6.22　必要な部分だけを取り込みたいときは遅延取り込みを利用する

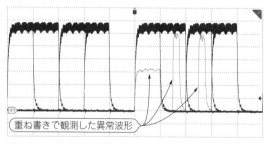

図6.23　長時間観測し重ね書きを行う残光時間無限大表示

間欠波形の2秒間残光表示の例

そこでちょっとしたアイディアがあります．その一つがトリガ・レベルの設定です．例えばラント・パルスというロジック的に "H" でも "L" でもない，中間電圧のパルスの発生が疑われる場合，トリガ・レベルを通常のロジックのスレッショルド電圧よりも低めに設定します．すると，ラント・パルスで引っかかる可能性が出て来ます．

もう一つの方法が時間軸の設定です．高速パルスだからといって，むやみに時間軸を速く設定すると，サンプル・レートが最高に設定されたまま，ズーム表示になります．すると本来取り込んでいるデータのうち，表示されているのはほんの一部になるため，もしも異常信号が取り込まれて波形メモリ内に記録されたとしても，表示されない可能性が高くなります．

ディジタル・オシロスコープの取り込みウィンドウは，サンプル・インターバル×レコード長ですから，最高サンプル・レート1GS/s，レコード長2500ポイントならば，最高サンプル時での取り込みウィンドウは2.5μs，時間軸設定では0.25μs/divです．この設定のまま観測すれば，取り込んだデータすべてを確認できます．

0.25μs/divであれば20MHzのクロックでも1周期50ns（0.05μs）ですから，1目盛りに5周期，なんとか波形のようすを観測できます．もしも時間軸を50ns/divに設定したら，サンプル・レートは1GS/sのまま5倍ズームされますから，表示・観測できる情報は1/5になってしまいます．できるだけ実質的な波形取り込みレートを上げるくふうが必要です．

6.3.7　拡張トリガを活用する

ロジック信号はハイ（High）とロー（Low）しかなく，一見単純なように思えますが，目的とするポイントを取り込むことは簡単ではありません．そのため各種の拡張トリガが用意されています．

図6.24を見てください．何らかの原因でバスにハイとローの信号が同時に出力され，ハイとローの中間値が現れることがあります．これはラント（切り株）と呼ばれます．

図6.25はラント・トリガで取り込んだ例です．二つの閾値で囲まれた範囲のラントを見つけています．

図6.24　ラント・トリガに閾値を設定した例
閾値Aと閾値Bに挟まれた部分を設定した例，逆に外れる設定もできる

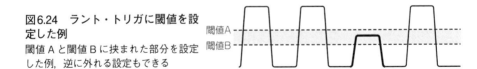

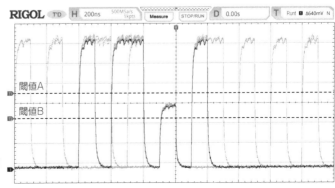

図6.25　ラント・トリガと取り込み例
ロジック的におかしな信号を検出できる

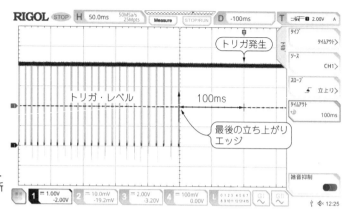

図6.26　タイムアウト・トリガの例
動作が停止したポイントを検出できる.
ほかのチャネルで原因になりそうな箇所
を観測することで原因究明の糸口になる

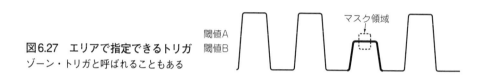

図6.27　エリアで指定できるトリガ
ゾーン・トリガと呼ばれることもある

● 動作停止を見つけるタイムアウト・トリガ

　トリガは「あることが起ったら」ですが，逆に「起こらなくなったら」，つまり動作が停止したらというトリガも求められます.

　タイムアウト・トリガは最後のエッジが発生してから指定時間内にエッジが発生しなければ強制的にトリガを発生します. 図6.26はバースト信号がなくなり，100ms後をトリガとした例です.

6.3.8　マスク・トリガの活用

　最近ではマスク・トリガ，ゾーン・トリガと呼ばれるトリガを搭載する製品が増えています. 図6.27のようにエリアを定義して，そのエリアにマッチする信号をトリガとします. 図6.28はトリガ例です.

　図6.29はマスク・トリガが機能しないケースです. マスクの設定位置によってはうまくトリガがか

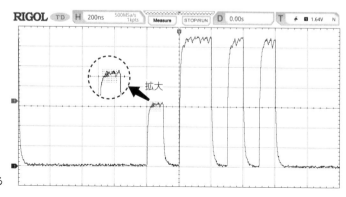

図6.28　マスク・トリガの例
ラント（RUNT）信号を捕まえている

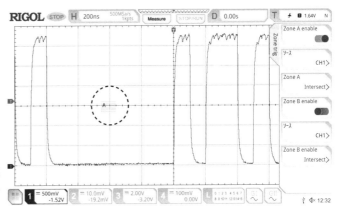

図6.29　マスク・トリガが機能しないケース
取り込まれた波形データと比較するため指定したマスク位置に波形がないと動作しない

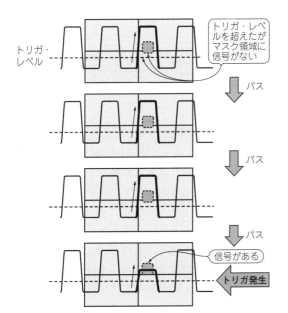

図6.30　マスク内に波形データが確認できるまで波形取り込みとエッジ・トリガを繰り返す

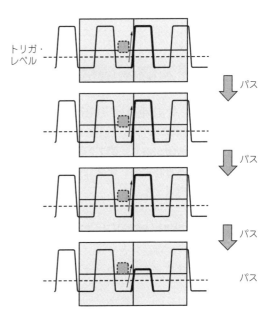

図6.31　マスク・トリガが取りこぼすケース
ハード・トリガの条件を絞り，マスク・トリガが動作し易いように設定することが必要

かりません．これはマスク・トリガが取り込まれた波形とパターン・マッチングを行っているためです．

　マスク・トリガは**図6.30**のようにエッジ・トリガを繰り返し，指定したマスクと一致するまで繰り返します．仮に期待した信号が取り込まれてもマスクと一致しなければ**図6.31**のようにトリガは成立しません．

　マスク・トリガを活用するためにはパターン・マッチング以前のトリガをうまく設定することが必要です．

109

第7章
不要なノイズを減らす基本テクニック

　実際に波形を取り込もうとしても，非常にノイズが多かったり，また信号が複雑で希望するポイントでトリガがうまくかからなかったりというケースによく出くわします．ノイズが多いならアベレージをかける，これは正しい手法なのですが，アベレージは正しく行わないとエラーを生み出します．

　本章は，アベレージなどを使ってノイズを減らして信号成分を取り込む手法，安定してトリガをかける方法を紹介します．

7.1　周波数帯域は必要なぶんだけ

7.1.1　信号を計測する場合はノイズを減らしたい

　図7.1に示されるように，観測する信号は必ず，信号＋ノイズの形で存在しています．

　ノイズにも種類があり，図7.2に示すように信号に依存しないランダム・ノイズ，外来ノイズなどと，信号と相関のある特定のノイズなどに分けられます．ここではランダム・ノイズを減らして信号成分を取り込む手法を考えます．

7.1.2　周波数帯域が広ければよいわけではない

　オシロスコープは信号とノイズを区別しないですべてを同時に表示します．さらにオシロスコープ内部で発生する熱雑音も加わります．このような信号を周波数スペクトラムで考えると図7.3のようにな

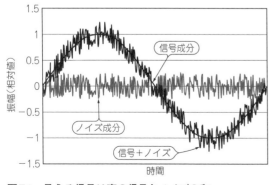

図7.1　見える信号は真の信号とノイズの和

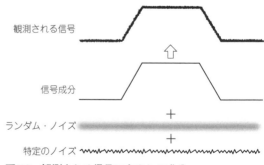

図7.2　観測される信号に含まれる成分

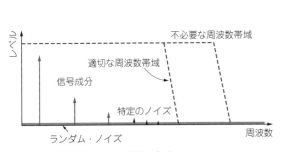

図7.3　周波数軸から見た信号成分

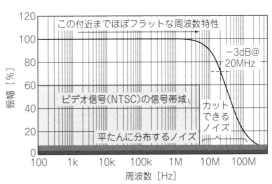

図7.4　ビデオ信号と20MHz周波数帯域制限フィルタ
1次ロー・パス・フィルタの場合

ります.

　信号成分と特定のパターンを持つノイズは，決まった周波数のスペクトラムを持ちます．そしてランダム・ノイズは幅広い周波数に分布します．オシロスコープの周波数帯域が必要以上に広いと，結果として表示されるノイズが増えてしまいます．信号だけに着目する場合，周波数帯域は大は小を兼ねず，小は大を兼ねずです．

7.1.3　帯域を制限して波形が変化しなければOK

　ランダム・ノイズは低周波から高周波まで満遍なく存在します．もし信号の持つ周波数成分がオシロスコープの周波数帯域よりずっと低いのであれば，積極的にオシロスコープの周波数帯域制限を使いましょう.

　使い方は簡単です．帯域制限機能をON/OFFし，波形が変化しなければOKです．信号成分には影響を与えずに，ノイズだけを低減できます.

　一般にオシロスコープに装備される帯域制限の周波数は1ポイントが多く，20MHz前後になります（図7.4）．20MHzの周波数帯域は1/4になる5MHzぐらいまではフラットです．NTSCなどの映像信号を高いSNRで測定するには最適です.

　自由に周波数帯域を選びたければ，パソコンで波形データを処理すれば，任意の帯域制限フィルタを実現できます．オシロスコープ・メーカによってはフリーのソフトウェアを提供している場合もあります.

7.2　ランダム・ノイズを「アベレージ」で減らすには

7.2.1　平均化によってノイズ・レベルが低下する

　ディジタル・オシロスコープにはアベレージ機能があります．ランダム・ノイズの多い信号を何回も取り込んでアベレージ機能を使うと，ノイズ・レベルが平均化され，低下します．その結果から波形パラメータの算出を行えば，安定した計測結果を出すことができるので活用しましょう.

　ところがアベレージを行うには大切な約束事があります．それは「必ず同じタイミングでトリガがかかっていること」です.

　これは簡単なようでなかなか困難です．というのも，ミクロ的に見ると被観測信号は「信号＋ノイズ」

ですから，ノイズの成分で正常にトリガが動作しないことがあります．もともとの信号がノイズを多く含んでいるためトリガが安定してかかりにくくなります．100回のアベレージで，もし1回でもミス・トリガがあればもうデータは信用できません．

7.2.2　トリガが安定しないと正しく平均化できない

たくさんのノイズのある信号の例として，第5章と同じ信号を取り込んでみました．図7.5（a）の例では分かりやすくするために1秒間の残像表示にしています．安定してトリガがかかっていません．

このままの状態でアベレージを行ったらどうなるのでしょうか．図7.5（b）は16回アベレージを行った例です．ミス・トリガにより時々時間軸方向シフトした波形も含めてアベレージを行った結果，振幅が減少しています．

そこで，トリガを安定させるために高周波除去フィルタを使いました．取り込みモードを通常に戻して，安定してトリガがかかっていることを確認します（図6.6）．トリガが安定したのでこれで正しくアベレージを行うことができます．

図7.6（b）が正しくアベレージを行った結果です．ノイズ成分は消え去り，信号成分だけを取り込むことができました．

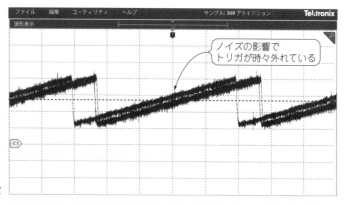

（a）トリガ不安定

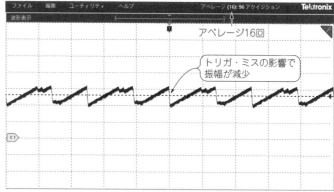

（b）トリガ不安定なまま16回平均化

図7.5　ノイズによるミス・トリガをしたまま平均化すると振幅が減少（100mV/div，2μs/div）

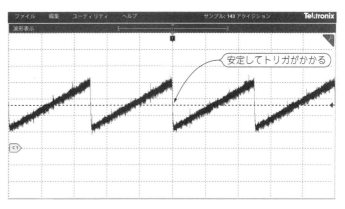

（a）入力波形

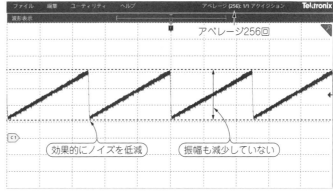

（b）トリガが安定した状態を状態を
　　256回平均化

図7.6　高周波除去フィルタを使って安定したトリガをかけて平均化すると正しい振幅が得られる
（100 mV/div, 4 μs/div）

　このようにアベレージは，ランダム・ノイズを低減する大変有効な方法です．ただし，正しくアベレージを行うには以下の二つの条件を必ず守りましょう．
　（1）必ず同じ信号が繰り返されること
　（2）同じタイミングでトリガが正確にかかること
　「ノイズを減らしたいからアベレージを行いたい」のに，「ノイズのせいで安定したトリガが困難なためアベレージを行えない」，この相反する事項を切り離して考えることはできません．

7.3　単発波形のノイズを「移動平均」で減らす

7.3.1　1回しか起こらない信号のノイズを減らすには

　アベレージは繰り返し信号にだけ有効です．ところが測定対象がいつも繰り返し信号であるとは限りません．むしろ1回しか起こらない信号や，いつも変化し続ける信号の方が多いのではないでしょうか．このような場合，制約はありますが演算処理によってノイズを低減できます．その一つが「移動平均」です．
　移動平均にはいろいろな方法があります．**図7.7**に示すのは単純な5ポイントの移動平均です．連続する5ポイントの平均値を次々と求めていきます．

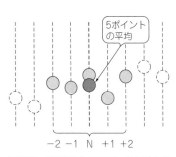

図7.7　移動平均のアルゴリズム例

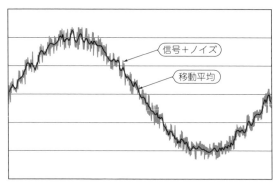

図7.8　移動平均の検証例

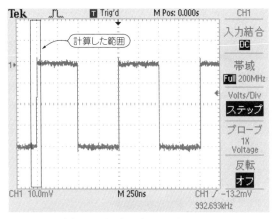

（a）ノイズを含んだステップ・パルス

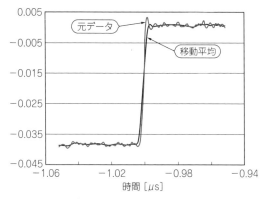

（b）5ポイントの移動平均の結果（1GS/s）

図7.9　移動平均でノイズを低減できる

　移動平均は簡単に行える数学的な波形処理です．立ち上がり時間に対してサンプル・レートに余裕がないときは波形のなまりが問題になりますが，場合によっては有効な手段です．図7.8に示すのは表計算ソフトウェアのExcelで検証した例です．ノイズは乱数で発生させ，5ポイントの移動平均を行いました．ノイズがずいぶん減っています．

　図7.9の実例は実際のノイズを含んだパルス信号で検証したものです．サンプル・レートは1GS/sです．枠で囲まれた最初の立ち上がり部分のみを5ポイント移動平均した結果を図7.9（b）に示します．

　移動平均はこのように効果的にノイズを減らせます．その反面，急峻に変化する個所では変化が緩やかになるので，使いこなしには注意が必要です．

7.3.2　電圧分解能を高め，ノイズを減らせるハイ・レゾリューション・モードとは

　普及クラスのディジタル・オシロスコープではまだ搭載されていませんが，「ハイ・レゾリューション・モード」という取り込みモードがあります．

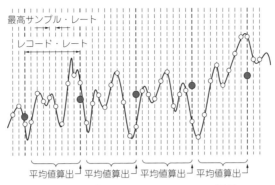

最高サンプル・レート

レコード・レート

平均値算出　平均値算出　平均値算出　平均値算出

図7.10　ハイ・レゾリューション・モードの原理

図7.10に示すように，ハイ・レゾリューション・モードではA-D変換器は常に最高のサンプル・レートで波形データを取り込みます．そしてレコード・サンプル間の平均値を計算して記録します．

例えば最高サンプル・レートが1 GS/s（1 ns分解能），レコード・レートが1 MS/s（1 µs分解能）の場合，サンプル・レートとレコード・レートの比率が1000倍になります．1000ポイントの平均値を計算するのでその区間のランダム・ノイズは大幅に低減し，かつ電圧分解能も増加します．

最高サンプル・レートとレコード・レートの比率が大きければ大きいほど（取り込み時間軸が遅ければ遅いほど）ハイ・レゾリューション・モードは効果が大きくなります．

7.4　ディジタル・オシロが不得意な長時間のピーク検出

ディジタル・オシロスコープではサンプル・レート（＝1/サンプル間隔），レコード長ともに物理的な制限があります．そのため，次の呪縛から逃れることはできません．

　　　記録可能時間＝サンプル間隔×レコード長

つまり急峻なピークを持つ信号を長時間にわたって検出できません．そこで考案されたのが，サンプル間隔中のピークを何らかの方法で検出し記録するという手法です．この手法は広く「ピーク検出」，「ピーク・ディテクト」と呼ばれています．ピークの検出には以下のような手法が使われます．

(1) A-D変換器の直前にアナログ回路によるピーク・ホールドを搭載してサンプル間の最大値，最小値を記録する

(2) 常に最高サンプル・レートで動作し，そのサンプル・レートで取り込み得るピークを，設定されたサンプル間隔ごとに記録する（**図7.11**）

後者の場合，ハイ・レゾリューション・モードと同じくA-D変換器は常に最高サンプル・レートで動作します．そして最高サンプル・レートで取り込まれたレコード期間中の最大値，最小値を記録します．

ただし，最高サンプル・レートに相当する（1 GS/sなら1 ns）幅の狭いパルスが捕捉できるわけではありません．回路構成や周波数帯域の影響があり，例えば200 MHz周波数帯域のオシロスコープの場合で10 ns程度のパルス幅が検出できます．

図7.12は，非常に遅い時間軸設定（25 ms/div，10 kS/s）で波形を取り込みながら，間欠的に発生する幅の狭いパルスを含む信号を，表示時間を無制限にして長時間取り込んだ例です．

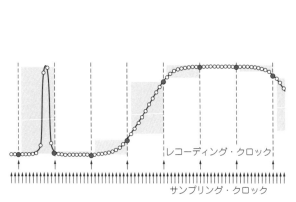

図7.11　ピーク検出の原理

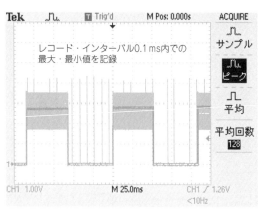

図7.12　ピーク検出による幅の狭いパルスの取り込み

7.5　ノイズを減らす基本…安定したトリガを得るべし

7.5.1　計測したい信号に同期した安定信号源を探す

　アベレージを行うためには安定したトリガが重要です．しかしノイズを取り除くためのトリガ・フィルタは万能ではありません（**6.3.1**参照）．ではトリガ・フィルタを使っても安定したトリガが得にくい場合はどうしたらよいでしょうか．それは，被計測信号に同期した安定した信号をトリガ・ソースに使うことです．

　タイミング的に完全に相関が取れていて，かつノイズが少ない信号が利用できないか探しましょう．この信号をトリガ信号源に使用すればOKです．時間的なずれが大きい場合にはディレイを利用しましょう．

7.5.2　アベレージにはノーマル・トリガを使うべし

　信号が連続的な場合は，オート・トリガでも何の差しさわりもありません．しかしある程度時間をおいて信号が発生する場合は，オート・トリガが勝手にトリガ信号を発生して，ミス・トリガになる（無信号状態を取り込む）ことが起こり得ます．アベレージを行う際は積極的にノーマル・トリガを使用しましょう．ノーマル・トリガはトリガ条件が満たされない限り，波形を取り込みません．確実な波形取り込みを繰り返し，アベレージを行うことができます．

7.5.3　トリガ・ホールドオフは次のトリガまで待機する

　周期性信号であっても，短い時間では周期性がなく，長い時間で同じパターンを繰り返す場合には簡単にはトリガがうまくかかりません．エッジ・トリガは電圧レベルの変動を検出するだけです．時間的な条件がないので，通常のトリガだけで複雑な状況を検出することはできません．

　ディジタルの信号は変哲のない信号が常にやってくる顕著な例です．電圧的には0から1，1から0，という二つの状態を繰り返す信号の連続ですから，ありとあらゆる個所がトリガ条件を満たしてしまいます．

　電圧的に切り分けが困難であるならば，時間的に切り分ける方法があります．このときに有効な手段

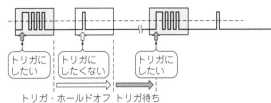

図7.13　トリガ・ホールドオフの概念

の一つがトリガ・ホールドオフです．トリガ・ホールドオフは，次のトリガまでのウェイトです．例えば100ms周期の長い信号を安定して取り込むためには大変便利な機能です．すべてのオシロスコープが備えているわけではありませんが，装備されているならば積極的に活用しましょう．

7.5.4　トリガ・ホールドオフを活用するとロング・レコードなしで　　　長い周期の信号を観測できる

　繰り返し取り込みにおいてオシロスコープは，

　「トリガ待ち」→「トリガ検出」→「データ取り込み」→「データ処理」→「表示」→「トリガ待ち」

を繰り返しています．トリガ・ホールドオフは取り込み終了後に設定した待ち時間を設けて，次のトリガまでの時間調整を行います．

　図7.13がオシロスコープのデッド・タイムを考えないときのトリガ・ホールドオフの概念です．実際のディジタル・オシロスコープは取り込み時間に比べてかなり長いデッド・タイムがあります．実際

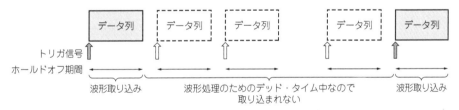

図7.14　デッド・タイムがある実際のホールドオフ動作のイメージ

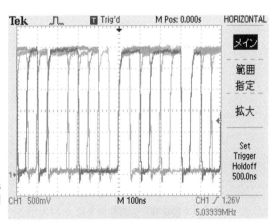

図7.15　ホールドオフが最低値の500ns
で約6μsごとに繰り返すパルス列を観測
するとデータが重ね合わせの表示になる

117

のトリガ・ホールドオフは**図7.14**のイメージで動作します.

　トリガ回路は独立してトリガ・ホールドオフの設定値を考慮しながらトリガを検出していきます.波形データの処理や表示に費やされるデッド・タイムを考慮する必要はありません.

　もしデータ列のスタート・ポイント前に,ある程度のブランク期間があれば,ホールドオフの調整で比較的簡単にスタート・ポイントを合わせることができます.例えば約6μsごとにやってくる周期的なデータ列を取り込んでみましょう.

　図7.15はトリガ・ホールドオフが最低値(初期設定)の場合です.トリガ条件を満たす点が次から次へとやってくるので,データは重ね合わせの表示になってしまいます.この信号は約6μsごとに繰り返すパルス列なので,ホールドオフを5.95μsに設定しました.すると,**図7.16**のように安定した表示が得られます.なお,トリガ点は中心から左へ3目盛り(3μs)の位置になるように設定しました.

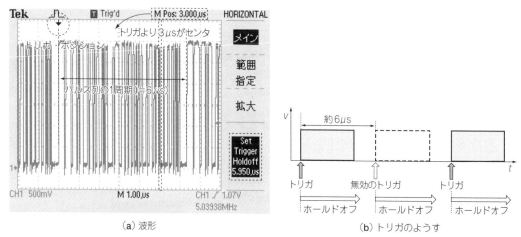

(a)波形　　　　　　　　　　　　　　　　　　(b)トリガのようす

図7.16　ホールドオフを適切に設定すると安定した表示となる

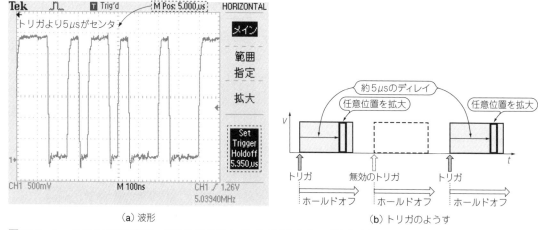

(a)波形　　　　　　　　　　　　　　　　　　(b)トリガのようす

図7.17　ホールドオフを設定後,任意位置を拡大(トリガ点から5μsずらした)

ディジタル・オシロスコープはトリガの位置を自由に動かせます．表示のセンタをトリガ点より5μsずらして時間軸を100ns/divに拡大して取り込むと，任意のポイントを拡大した表示が得られます（図7.17）．

遅延時間を0にすればトリガ点（パルス列の先頭）が表示できます（図7.18）．

このようにトリガ・ホールドオフと時間遅延の機能を組み合わせることにより，パルス列の見たい部分をピンポイントで取り込めます．ロング・レコードのオシロスコープでなくても，かなりのことができます．

7.5.5　簡単なパルス幅トリガの積極活用

時間的な条件を考慮できるトリガとして最近のオシロスコープで装備されることが多くなったのが，「パルス幅トリガ」です．設定した電圧レベルの正または負のパルス幅でトリガをかけることができます．図7.19は設定したパルス幅t_s以上の正のパルスを検出しているようすを示しています．

例として，以下の条件でパルス幅トリガを使用して，先ほどと同じ信号にトリガをかけてみます．

- パルスの極性：負
- パルス幅：330ns以上

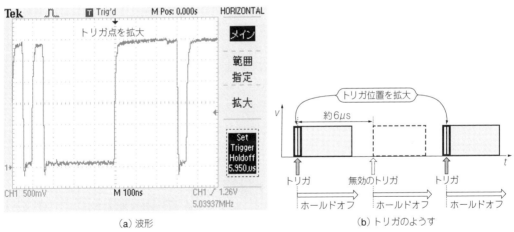

（a）波形　　　　　　　　　　　　（b）トリガのようす

図7.18　トリガ位置を拡大（遅延時間を0にした）

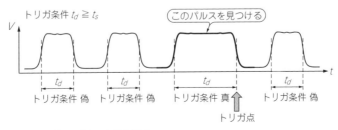

図7.19　パルス幅トリガの概念

119

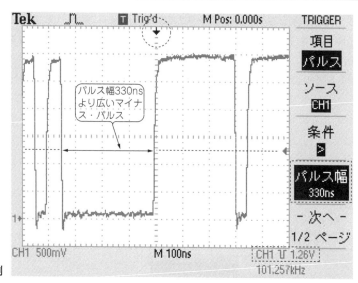

図7.20　パルス幅トリガの例

　負のパルス幅，約350 nsを検出してトリガがかかっています（図7.20）.

　繰り返しになりますが，オート・トリガの場合，トリガがある期間発生しないとオシロスコープが勝手に取り込みを行うので，表示が安定しなくなります．ピンポイントでトリガをかけたい場合は，忘れずにノーマル・トリガに変更しましょう.

　パルス幅トリガは通常，ハードウェアで構成されています．ですから，トリガがレディ状態であれば確実にトリガ条件を満足するイベントを見つけてトリガがかかります.

　パルス幅トリガは拡張トリガの中でも，まだ比較的簡単で単純なトリガです．上位機種になると，トリガ・レベルを2値設定できる「ラント・トリガ」や「グリッチ・トリガ」，「メモリのセットアップ・タイム＆ホールド・タイム」の違反を検出するトリガなどが装備されています.

7.5.6　最近実用化されたソフトウェア・トリガ

　DDR（Double Data Rate）SDRAMでは同一のラインに書き込み／読み出し信号が流れます．また微妙な信号形状から書き込み／読み出しを判別しなければなりません．このため波形の特徴から簡単にトリガを検出できるソフトウェア・トリガともいえる機能が開発されています.

　これは取り込んだデータの中から目的とするデータ・パターンがあるかどうかを検索し，なければ再度取り込み，見つかれば取り込みを停止または表示するというものです.

　波形処理能力が向上してきたため，このようなソフトウェア・トリガが可能になりました．しかし，速度的にはハードウェアのトリガにはかないません．非常にまれにしか発生しない異常信号の検出には対応が困難なため，確実な検出にはやはりハードウェア・トリガを併用することが必要です．ソフトウェア・トリガはまだまだ高額なハイエンド機でしか実現できていませんが，今後は基本計測器レベルのオシロスコープにも搭載される日が来るかもしれません.

　ハードウェア・トリガとソフトウェア・トリガ両方の特徴を理解して有効に活用したいものです.

FFT機能を使った周波数解析

8.1　いまどきオシロに付いているFFT機能

8.1.1　前後をつなげて繰り返し信号のように解析

　プロセッサの能力が向上し，パソコンの力を借りなくてもオシロスコープ自体でフーリエ変換（FFT）が行えるようになりました．フーリエ変換とは，時間領域のデータを周波数領域に変換する演算です．基本となっているのは標本化定理です．

　サンプル・レートをf_s，レコード長をLとした場合，FFTの演算結果は次のようになります．

- 周波数上限はナイキスト周波数である$f_s/2$
- データ数は$L/2$
- 周波数分解能は$(f_s/2)/(L/2) = f_s/L$

　つまりサンプル・レートの半分までの周波数が解析でき，レコード長が長ければ周波数分解能が高くなります．しかし，レコード長が長くなるとFFTの演算量が多くなり，演算時間が大幅に増加します．

　FFTの良いところは，信号が繰り返し信号であろうと単発信号であろうと関係なく周波数解析をできることです．なぜかというと，FFTは**図8.1**のようにレコードの最初と最後をつなげて，まるで繰り返し信号であるとみなして解析するからです．

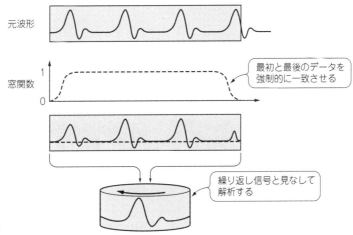

図8.1　FFTの概念

ただし，最初と最後の2点のデータが一致しないと，急峻な段差，ステップ・パルスが見かけ上存在するということになります．

そこでデータ全体に窓関数をかけて，強制的に最初と最後のデータを一致させます．窓関数には，レベル解析を優先したもの，周波数解析を優先したものなど数種類用意されており，被計測波形の形状に合わせて選択します．

窓関数は波形データの先頭，終わりの部分に影響を与えます．波形の大部分をレコードの中央に位置するようにトリガ位置を設定する必要があります．

FFTは大変便利ですが，注意を怠ると次節から述べるエラーが起こる可能性を常に秘めています．

8.1.2　サンプル・レートが低いと折り返し誤差が発生

FFTにおける代表的な測定誤りとして，折り返し誤差があります．標本化定理に違反した場合には，折り返し誤差が発生します．

この折り返し誤差の実例を見てみましょう．分かりやすくするために，入力信号は単一周波数のサイン波（周波数は4 MHzで振幅は$1 V_{RMS}$）です．

図8.2に示す例はサンプル・レート50 MS/sです．ナイキスト周波数は半分の25 MHzです．計測結果の周波数軸は，左端が0 Hz，右端が25 MHzです．4 MHzのところに約0 dBV（dBVについては後述）の信号が確認できます．

次に，**図8.3**のように入力信号の周波数を21 MHzに上げてみました．同様に21 MHzの部分に入力信号のスペクトラムが確認できます．それに加えて，レベルは高くありませんが8 MHzにスペクトラムが確認できます．入力信号に8 MHzの信号成分があるのでしょうか．

実はこれは21 MHzのひずみ成分である第2次高調波，42 MHzが折り返し誤差として表示されたものと思われます．

折り返し誤差はFFT特有の誤差で，ナイキスト周波数を超える信号成分が存在すると必ず発生しま

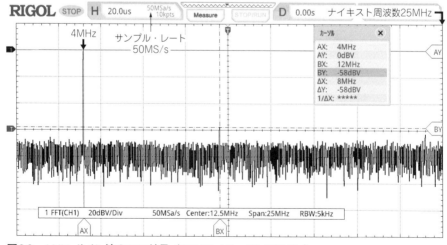

図8.2　4 MHzサイン波のFFT結果（2.5 MHz/div，20 dBV/div）

す．今度はナイキスト周波数に近い24 MHzのサイン波を入力してみます．図8.4のように24 MHzに0 dBのスペクトラムが確認できます．

　ではナイキスト周波数を超える26 MHzを入力したらどうなるでしょうか．図8.5を見ると入力信号が26 MHzにもかかわらず24 MHzに0 dBのスペクトラムが現れています．これが折り返し誤差です．これは大事なのでしっかり理解しましょう．

　図8.6に示すように，ナイキスト周波数に対して折り返されたスペクトラムが，表示された24 MHzです．実はこのときの波形は，図8.7のようにエイリアシングが発生していたのです．

　折り返し誤差を整理してみましょう．入力信号にナイキスト周波数以上の信号がなければ折り返し誤差は発生しません．FFTのスペクトラムは直流からナイキスト周波数までだけではなく，図8.8のようにDCを中心に左右に広がって計算されます．もし入力信号にナイキスト周波数以上の信号があると，

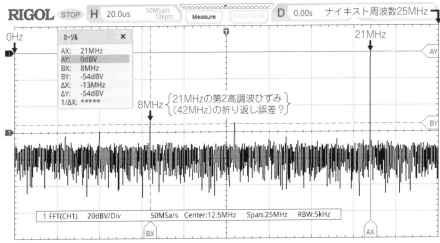

図8.3　40 MHzサイン波のFFT結果（2.5 MHz/div，20 dB/div）

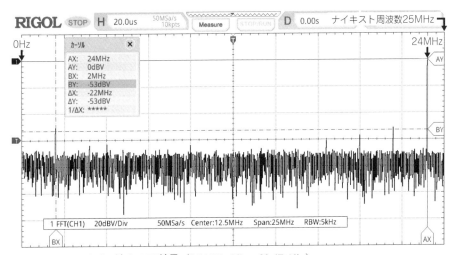

図8.4　24 MHzサイン波のFFT結果（2.5 MHz/div，20 dB/div）

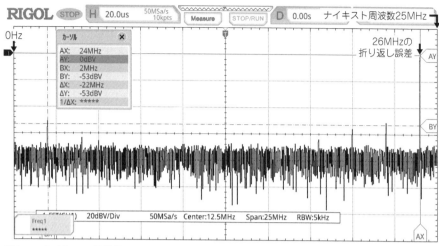

図8.5　ナイキスト周波数25 MHzを超える26 MHzサイン波のFFT結果
（2.5 MHz/div，20 dB/div）

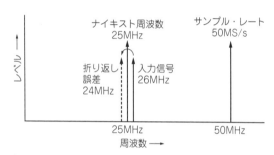

図8.6　折り返し誤差の存在

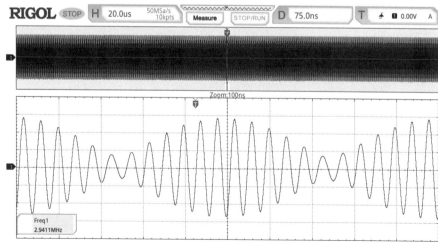

図8.7　標本化定理に違反した波形を取り込むとエイリアシングが発生する
（50 ns/div，500 mV/div）

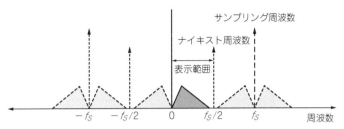

図8.8　標本化定理に違反しない場合はDCを中心に左右に広がって計算される

スペクトラムの重ね合わせが起きてしまいます（**図8.9**）．

　これが本来あり得ない24MHzのスペクトラムが表示された原因です．

　パルスの場合，高調波成分を考えなければなりませんから話は少しややこしくなります．基本繰り返し周波数15MHzのパルスを100MS/sでサンプリングした場合を考えてみましょう．

　実際のパルス波は多少のひずみがありますから，本来のレベルの高い奇数次高調波（3次，5次…）だけでなく，レベルの低い偶数次高調波（2次，4次…）が含まれます．

　　奇数次高調波：45MHz，75MHz，105MHz，…

　　偶数次高調波：30MHz，60MHz，90MHz，…

　4次以上の高調波成分がナイキスト周波数50MHzを超えてしまいます．すると60MHzの成分は40MHzとして，75MHz成分は25MHzとして，90MHz成分は10MHzとしてに表示されます．これらはすべて折り返し誤差になります（**図8.10**）．

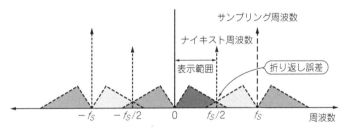

図8.9　標本化定理に違反した場合はスペクトラムの重ね合わせが起きてしまう

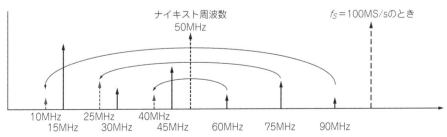

図8.10　ナイキスト周波数を超えた高調波成分は折り返し誤差になる

折り返し誤差を防ぐにはナイキスト周波数を超える信号成分を事実上なくすこと，つまり周波数帯域に比べてなるべく高いサンプル・レートを用いることが大切です．

8.1.3　FFTの電圧は1V_{RMS}＝0dBVと読み取る

　オシロスコープは波形の変化を捕まえる計測器です．実効値を意識することなく，常に瞬時値を観測します．例えば，ディジタル・マルチメータで実効値が10Vと表示されるサイン波は，オシロスコープでは最大値が14.1V，最小値が−14.1Vというように瞬時値で観測されます．垂直目盛りはリニアな電圧目盛りです．

　FFTでは通常1目盛り当たり10dBVという対数目盛りになり，各周波数成分は実効値での表示になります．

　つまり以下のようになります．

$$1\,\mathrm{V_{RMS}} = 0\,\mathrm{dBV}$$
$$0.1\,\mathrm{V_{RMS}} = -20\,\mathrm{dBV}$$
$$0.01\,\mathrm{V_{RMS}} = -40\,\mathrm{dBV}$$

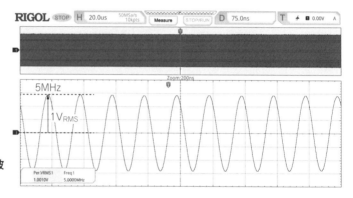

図8.11　実効値1Vのサイン波（200ns/div，500mV/div）

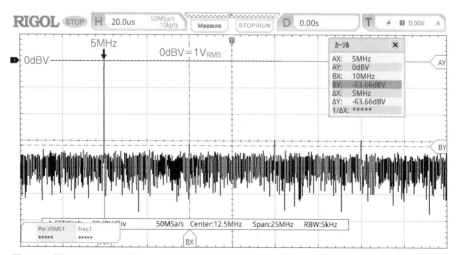

図8.12　図8.11のサイン波をスペクトラム表示した結果（2.5MHz/div，10dB/div）

　同じ周波数解析を行う計測器にスペクトラム・アナライザがありますが，入力インピーダンスはほとんどが50Ωで，垂直軸表示は電力（1mW = 0dBm）になります．

　図8.11に示す周波数5MHz，実効値1Vのサイン波を取り込み，FFT表示した例を図8.12に示します．水平軸の左端が0Hz，1目盛り当たり2.5MHzなので，左端より右2目盛りの位置に5MHzのスペクトラムが表示されています．

　カーソルをスペクトラムのピークに当てるとほぼ0dBV（−190mdB），1 V_{RMS}になっています．

　FFTは理解して使えば周波数解析に便利な機能です．応用例としてノイズ成分の解析があります．例えば，信号の中にスイッチング電源の電源周波数のノイズがどれくらい含まれているのかを確認できます．

　時間領域の表示である波形からではよく分からないことが，周波数領域へと観点を変えることで見えてくる場合があります．

　例として，高速信号を取り込んでFFT処理をしてみましょう．第8章でプローブのグラウンド線の影響を考察するために使う信号です．最短のグラウンド線（図8.13），付属の最短ではないグラウンド線（図8.14）の両方の波形を使ってFFT解析の差を見てみます．

　FFTの結果はなかなか興味深いものです．最短のグラウンド線を使った場合の図8.15を見ると，周波数が上がるに従ってスペクトラムが降下しています．

　図8.16が最短ではないグラウンド線を使ったオーバーシュートのあるパルス波形のFFTの結果で

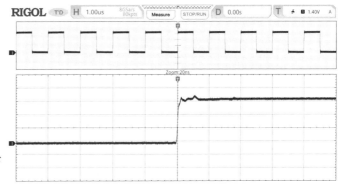

図8.13　最短のグラウンド線での立ち上がり波形（20ns/div，200mV/div）

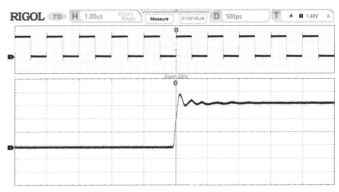

図8.14　付属のグラウンド線を使った場合の立ち上がり波形（20ns/div，200mV/div）

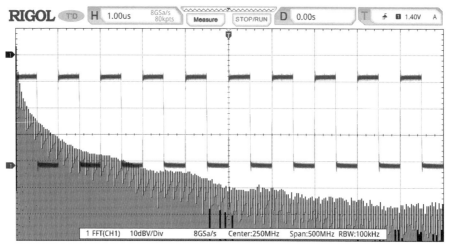

図8.15 オーバーシュートのないパルス波形 図7.13のFFTの結果（50 MHz/div，10 dB/div）

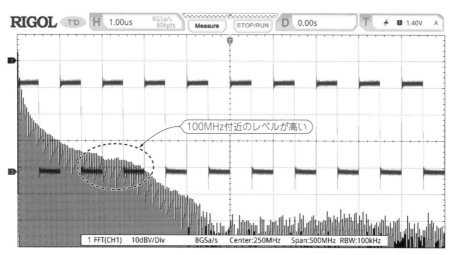

100MHz付近のレベルが高い

図8.16 オーバーシュートのあるパルス波形 図7.14のFFTの結果（50 MHz/div，10 dB/div）

す．波形を見ると，オーバーシュートの周波数は100 MHz程度と思われます．FFTの結果を見ると，100 MHz付近を中心にスペクトラムが上昇しているのが分かると思います．

　同じ信号を時間という面から，そして周波数という面から見てみると興味深い考察ができます．

8.2　オシロのFFTはあくまで簡易的として使う

オシロスコープで周波数を計測する場合，以下のように何通りかの方法があります．

① 波形の1周期を目で読み取って，電卓で逆数を計算する．初期のアナログ・オシロスコープはカー

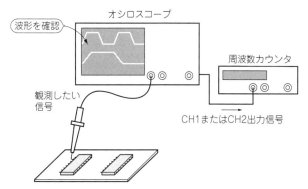

図8.17　オシロスコープで波形を確認しながら周波数を計測すれば周波数カウンタのミス・トリガが分かる

ソルすらなかったので，この方法が一般的だった
② カーソルを任意の1周期に当てて周期と周波数を読み取る
③ パラメータ演算機能を使う

　ディジタル・オシロスコープの場合ならどの方法でも，画面に1周期が大きく表示されるように電圧軸，時間軸を設定すればOKです．もう一度オシロスコープによる周波数計測の原理を思い出してみましょう．

　波形データから波形の50％レベルを算出し，そのレベルになる2点を求めます．しかし，実際のサンプル・ポイントに50％レベルがドンピシャに来ることはほとんどあり得ませんから，50％レベルの前後2点より補間して算出します．とはいってもサンプル・ポイント数が数千ポイントなので，どうしても周波数の計測結果はけた数を上げることができません．

　周波数を高分解能で求めるためには，やはり専用の周波数カウンタの出番になります．オシロスコープと周波数カウンタを併用すると，波形をモニタしながら周波数を高確度・高分解能で計測できます．

　オシロスコープの中には，後部パネルに特定のチャネルの信号が増幅されて出力されている機種があります．この信号をカウンタに入力します．多くの場合,出力インピーダンスは50Ωです．特性インピーダンスが50Ωの同軸ケーブル（3D-2Vや5D-2V，または$Z_0 = 50\,\Omega$と記載されている）を使って，カウンタの入力インピーダンスも忘れずに50Ωにします．

　これで波形をモニタしながら，より正確な周波数を計測可能です．カウンタがミス・トリガしておかしな値を示しても，波形をモニタしていれば即座に分かるので大変便利です（図8.17）．

　また，最近の基本クラスのオシロスコープでは，カウンタ内蔵のモデルも登場しています．トリガがかかるたびに1パルス発生するトリガ・パルスの周波数をカウントするので，適切にトリガをかけてやれば正確な周波数測定が可能になります．

129

周波数の専用測定器「スペクトラム・アナライザ」

● 時間軸で見るオシロと周波数軸で見るスペアナ

電気の動き，ようすを観測するには二つの見方があります．「時間」という見地から見る方法と「周波数」という見地から見る方法です．

同じ現象を把握するには「時間」，「周波数」の両方で確認し，ほぼ同じ結果が得られれば，さらに真に近い姿を捕まえることができるでしょう．

前者はオシロスコープで横軸が「時間」です．後者はスペクトラム・アナライザやFFTアナライザがよく知られています．特にスペクトラム・アナライザはオシロスコープと並んで基本計測器の代表といえるでしょう．

● 周波数帯域の違い

オシロスコープとスペクトラム・アナライザの一番の違いは，増幅器の周波数帯域にあります．

オシロスコープは，直流から最高周波数までの大変広い周波数帯域を同時に取り込むために，広い周波数帯域を持ちます．それに対して，スペクトラム・アナライザの増幅器は一種のバンドパス・フィルタで，周波数帯域は大変狭くなります．高性能なスペクトラム・アナライザほど，狭い周波数帯域で使えます（周波数分解能が高い）．

スペクトラム・アナライザで観測できる周波数の上限はオシロスコープより高く，GHzオーダは当り前です．スペクトラム・アナライザはミキサという周波数変換回路で入力された信号を低い周波数に変換します．

そして，狭い周波数帯域の増幅器（バンドパス・フィルタ）を低い周波数から高い周波数までずらしていきながら（スイープするという）周波数成分を検出していきます．スペクトラム・アナライザの画面イメージを図8.Aに示します．

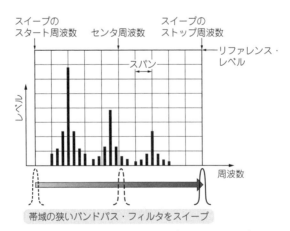

図8.A　スペクトラム・アナライザの画面イメージ
この周波数帯域幅が周波数分解能になり信号の周波数成分
（スペクトラム）を表示する

● **スペアナの基本構成はスーパーヘテロダイン方式**

　実際にはバンドパス・フィルタの中心周波数を動かすのではなく，ローカル・オシレータの周波数をスイープします（原理はアナログ式チューナのAM/FM受信機と同じスーパーヘテロダイン方式である）．スペクトラム・アナライザの原理を**図8.B**に示します．

　スペクトラム・アナライザのバンドパス・フィルタは大変周波数帯域が狭い（狭帯域）ため，ノイズ成分を低くすることが可能です．スペクトラム・アナライザがオシロスコープに比べて圧倒的に低いノイズ・フロアで解析できるのはこのためです．

　オシロスコープは直流から周波数帯域までの信号を同時に取り込むため，原理的にノイズが多くなります．そして周波数帯域が高いオシロスコープほど，ノイズが増えます．オシロスコープとスペクトラム・アナライザの周波数帯域とノイズの違いを**図8.C**に示します．

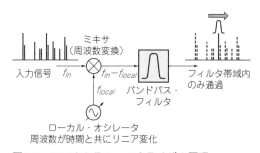

図8.B　スペクトラム・アナライザの原理

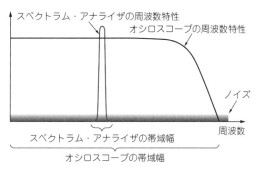

図8.C　オシロスコープとスペクトラム・アナライザの周波数帯域とノイズの違い

131

第9章
「プローブ」で信号を正しく取り出す

　オシロスコープの役目は「見えない電気信号を見ること」，そしてオシロスコープを使いこなすということは「波形を正しく取り込む」スキルを持つことです．

　オシロスコープと切っても切れない関係にあるのがプローブです．何となく付属品のイメージがありますが，プローブは被計測回路とオシロスコープを結ぶ大切なインターフェースです．何を測りたいのか，何を優先したいのかによって，プローブを変えることが大事です．本章はプローブについて説明します．

9.1　「測る」ということ自体が誤差を招く

　正しく計測したいのに誤差を招くとはどういう意味でしょうか．コップのお湯の温度を測る場合を想定してみましょう．

　図9.1のように二つの温度計があります．一つは細くて，熱容量が小さいタイプ，もう一つは太くて熱容量が大きいタイプです．お湯の温度は50℃くらい，温度計は室温で保存されていたとします．この二つの温度計を使って別々に温度を計測します．

　結果はどうなるでしょうか．細い温度計の方が高めの計測結果になるはずです．温度計は室温で保存されていたので自身の温度は20℃くらいですから，多少なりともお湯の温度を下げてしまいます．家庭風呂は浴槽のお湯の量が多くないので，少し熱いと思っても，いざ体を沈めるとぬるくなるのと同じです．

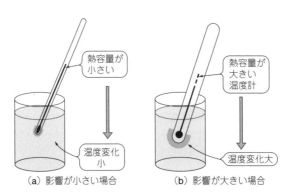

（a）影響が小さい場合　　　（b）影響が大きい場合

図9.1　温度計により測りたい温度が変わってしまう

細い温度計は太い温度計よりも熱容量が小さいため，コップのお湯に与える影響が少なくなります．しかし影響はゼロではなく，「少ない」ということが重要です．

同じことは，被計測信号とプローブについても言えます．電気回路に対して影響が大きなプローブはそこを流れる電気に影響を与えてしまいます．よく，高周波の計測にはアクティブ・プローブ（FETプローブなど）を使え，と言われます．これはアクティブ・プローブは高周波信号に対して影響が少ないからです．ただし，影響はゼロではありません．

9.2 標準10：1プローブを理解しよう

計測を知る上で大事なので，プローブ，特に10：1の標準プローブについて詳しく解説します．

9.2.1 感度が1/10？

オシロスコープを初めて使う方がプローブを接続して最初に戸惑うのは，標準プローブが10：1（10×という場合もある）という減衰比を持つ，つまり感度が1/10になるプローブだということでしょう．

手元にあるプローブをよく観察してみましょう．オシロスコープに接続するBNCコネクタが付いている箱に何か記載されていませんか．プローブのメーカや型名以外に，「10 MΩ //10 pF」などの数字が記載されていると思います．実はこれがプローブ先端でのインピーダンスです．等価回路を図9.2に示します．

写真9.1の例では「10 M //15 pF」と記載されています．これはプローブ先端を外から見て「10 MΩの抵抗と15 pFの容量が並列」に入っている，という意味です．標準プローブは理由があって感度が1/10になっています．その理由は，プローブの入力インピーダンスを上げるためです．特に，入力容量を小さくするために，感度を1/10にしているのです．

9.2.2 オシロスコープの入力インピーダンス

オシロスコープの入力コネクタ付近をよく見てみると，ここにも入力インピーダンスの記載があると思います．ない場合には取り扱い説明書の性能欄に記載されているはずです．

写真9.2のオシロスコープの場合には「1 MΩ //13 pF」，つまり1 MΩの抵抗と13 pFの容量が並列に入っていることになります．

等価回路は図9.3になります．実際にディジタル・マルチメータで入力抵抗を計測すれば1 MΩを示

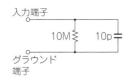

図9.2 プローブ入力の等価回路
測定回路からプローブを見るとこのような回路と等価になる

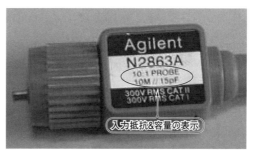

写真9.1 プローブには入力抵抗と容量が記載されている

写真9.2　オシロスコープにも入力インピーダンスの記載がある

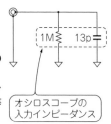

図9.3　オシロスコープ入力の等価回路

プローブをつながずに直接オシロスコープを見るとこの回路と等価になる

オシロスコープの入力インピーダンス

します．1MΩ相当の抵抗は実際に入力端子とグラウンド間に入っていますが，13pFの容量は部品や配線で生じる浮遊容量によるものと考えてください．

9.2.3　どのようにして信号源とつなぐか？

　オシロスコープに信号を取り込む一番簡単な方法は，同軸ケーブルを使うことです．この方法であれば，ノイズの影響も少なく被計測回路の信号をオシロスコープに取り込めます．ただし，周波数が低いか直流の場合に限ります．

　オシロスコープは信号の波形を正しく見るための道具ですから，ほとんどの場合その対象は交流です．直流ならばオシロスコープを使う必要はありません．

　オシロスコープ自体が持つ入力インピーダンスは低くはありません．しかし，問題はこの同軸ケーブルです．同軸ケーブルは内部に芯線があり，その周りは網線で覆われています．このため，大きめの容量を持ちます．ケーブルによりますが，1m当たり数十p〜100pFくらいの容量になります．

　この見えない容量や，あとで説明する見えないインダクタンスが，回路の動作だけでなく，計測にも大きな影響を与えます．

　例えば，オシロスコープの入力抵抗を1MΩ，入力容量を20pF，同軸ケーブルの容量を少なめに見て50pFと仮定します．図9.4に等価回路を示します．すると，この容量成分はオシロスコープの入力容量と並列になるので，ケーブル左端から見た入力容量は50pF＋20pF＝70pFになります．70pFの容量の1MHzでのインピーダンスは2.3kΩです．いくらオシロスコープの入力抵抗が1MΩだとしても，交流的にはずいぶん低いインピーダンスになってしまうのです．

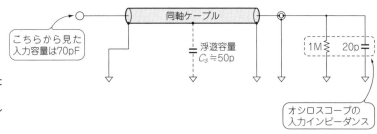

図9.4　同軸ケーブルを使った1：1プローブの等価回路

オシロスコープの入力インピーダンスにケーブルの容量が加わる

こちらから見た入力容量は70pF

同軸ケーブル

浮遊容量 $C_S \fallingdotseq 50p$

1M　20p

オシロスコープの入力インピーダンス

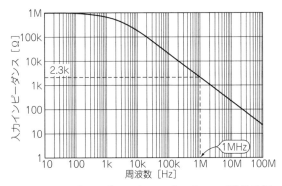

図9.5 1：1プローブの入力インピーダンス周波数特性
容量が大きいので周波数が高いとインピーダンスはあまり高くない

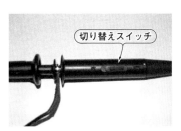

**写真9.3 減衰比切り替え付きの
プローブ**

　このプローブ・モデルでの入力インピーダンスの変化を，横軸に周波数を取ってグラフに表すと**図9.5**のようになります．このインピーダンスが回路に接続されるのです．回路にとって負荷になるので，回路の動作に影響を与えます．

　このような単なる同軸ケーブルだけのプローブも市販されています．1：1プローブというものです．ただし，入力容量が大きいため，使用できる範囲は非常に狭くなります．

　写真9.3のような感度（減衰率）を切り替えるプローブをよく見かけます．実は，1：1に切り替えたときはまさに1：1プローブで，単なる同軸ケーブルと同じです．何らかの方法で入力容量を減らさなければ，プローブとしては使える範囲が限られます．

9.2.4　巧妙に考えられた10：1プローブ

　そこで考えられたのが10：1のプローブです．原理は**図9.6**のようになります．プローブの先端に抵抗R_1，キャパシタC_1を並列にしたものを挿入します．等価回路を**図9.7**に示します．この等価回路に

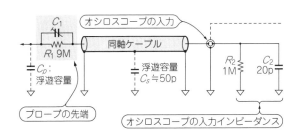

図9.6 10：1プローブの原理
先端にアッテネータを入れることで入力容量を小さくできる

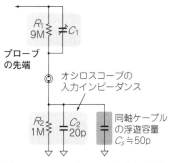

図9.7 10：1プローブの等価回路
フラットな周波数特性を持たせるには
コンデンサ C_1 の容量の調整が必要

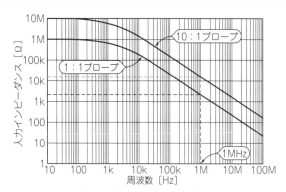

図9.8　1：1プローブと10：1プローブの入力インピーダンス

10：1プローブの方が全体的にインピーダンスが高い

写真9.4　プローブ先端部の補正用半固定コンデンサ

写真9.5　BNCコネクタ近くの補正用半固定コンデンサ

おいて,

$$R_1 \times C_1 = R_2 \times (C_S + C_2) \cdots\cdots (9.1)$$

であればオシロスコープ入力部にて周波数特性が平らに,すなわち周波数に関係なく一定の減衰率で伝わります.減衰比を10：1にするため$R_1 = 9\,\mathrm{M\Omega}$にすると,$C_1 = 7.8\,\mathrm{pF}$になります.

C_1は同軸ケーブルとオシロスコープの容量に対して直列です.キャパシタの直列接続では小さい容量が支配的になるため,プローブ入力端から見た容量C_{in}は先端部浮遊容量C_p（1～2 pF程度）を加えても,

$$C_{in} = C_p + \{ C_1 \, // \, (C_S + C_2) \} \doteqdot 10\,\mathrm{pF} \cdots\cdots (9.2)$$

になります.同軸ケーブルを使った1：1プローブの70 pFと比べて激減しています.

プローブにはできるだけ被計測回路に影響を与えないことが求められます.同時に,ひずむことなくオシロスコープまで信号を伝えることが求められます.感度を1/10に減衰させても,低入力容量を優先したのが10：1の標準プローブです.入力抵抗はR_1とR_2の直列になります.10 MΩと直流的にも高くなるのでさらに好都合です.

この値が,プローブ本体に記載されていた値です.このプローブ・モデルの入力インピーダンスは図

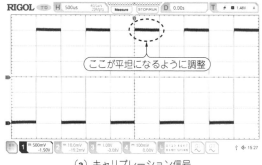

（a）キャリブレーション信号

ここが平坦になるように調整

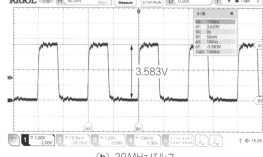

（b）20 MHzパルス

3.583V

図9.9　正しく調整されたプローブによる観測波形

（a）のような波形になるように半固定コンデンサを調整する

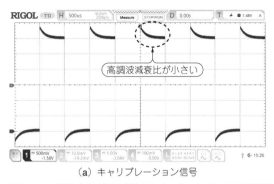

（a）キャリブレーション信号

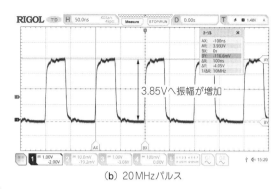

（b）20MHzパルス

図9.10　高域成分が過補償されたプローブによる観測波形

9.8のようになります．高い周波数まで比較的高い入力インピーダンスを保っていることが分かります．

9.2.5　調整が必要な標準プローブ

　このプローブ，前述の式を満足するように調整を行わないと，肝心の周波数特性が平らになりません．プローブの作りによって異なりますが，C_1が可変だったり，プローブのオシロスコープ寄りのBNCコネクタ側に半固定コンデンサを追加してあったりして，周波数特性を調整できるようになっています．

　これが「プローブの補正（コンペンセーション）」です．オシロスコープには必ずこのプローブ調整に使う方形波信号源（キャリブレータ）が設けられています．

　調整方法は簡単です．プローブをキャリブレータの端子に接続して，表示される方形波が平らになるように，プローブ先端部かBNC部にある半固定コンデンサを調整します．**写真9.4**はプローブ先端に，**写真9.5**はBNCコネクタ側に半固定コンデンサを設けてある例です．

　図9.9（a）に正しく調整された場合の波形を示します．このような波形になるように，半固定コンデンサを調整します．この状態で20MHzのクロックを計測したのが**図9.9**（b）です．振幅は約4.4Vです．

　もし調整がずれていたらどうなるでしょうか．調整が過補償で，高域成分が強調されている場合は**図9.10**（a）のような波形になります．この状態で20MHzのクロックを計測すると，**図9.10**（b）のように高周波成分の減衰比が小さいため，振幅が大きくなります．例では約5.6Vになっています．

　逆に補償が足りない場合は，**図9.11**（a）のように頭が下がった形になります．この場合，逆に20MHzクロックの振幅は，**図9.11**（b）に示すように減少して約3.2Vになります．

　本来4.4Vと計測されるべき信号振幅がプローブの調整不足で5.6Vになってしまうのでは，いくらオシロスコープ側で確度を上げても意味がありません．

　周波数特性だけでなく位相も正しくないので，高速のパルスを計測した場合，波形がおかしくなってしまいます．これではオシロスコープの確度うんぬん以前の話です．

● プローブを付け替えるたびに調整が必要

　実はプローブを正しく補正されている方は多くはないのではないか，と危惧しています．

　この調整はプローブの調整ではなくて，プローブとオシロスコープの組み合わせの調整です．厳密には，オシロスコープの異なるチャネル間では，少しですが入力容量が異なることがあります．また同じ型名のオシロスコープであっても，個体差は存在します．

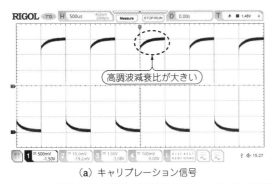
（a）キャリブレーション信号

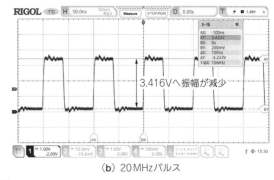
（b）20 MHzパルス

3.416Vへ振幅が減少

図9.11 高域成分の補償が不足したプローブによる観測波形

チャネル1とチャネル2のプローブを入れ替えた場合や，オシロスコープとプローブの組み合わせを変えた場合は，正しい特性が保たれているかどうか分かりません．あくまでも組み合わせの調整です．さらに，半固定コンデンサの値がずれることも考えられます．定期的に確認することが大事です．

「隣のベンチのオシロスコープのプローブをちょっと拝借，そのまま使用」なんて経験はありませんか？

9.2.6 減衰比切り替えスイッチに注意

ある減衰比切り替えスイッチ付きの標準プローブ（**写真9.6**）の性能を確認してみます．マニュアルおよびデータシートの記載をまとめると，**表9.1**に示すような特性になります．

どうでしょうか．減衰比を1×にした場合の入力容量の大きさと周波数帯域の狭さが分かります．

減衰比切り替えスイッチは気が付かないうちに切り替わっていることがあります．何かおかしいなと思ったら減衰比を確認しましょう．

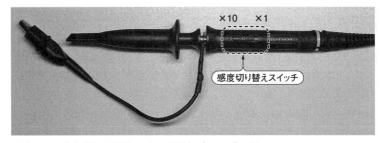
写真9.6 減衰比切り替えスイッチ付きプローブの例

表9.1 減衰比切り替え付きプローブの性能例
1×はさらにオシロスコープの入力容量が加わる

スイッチ位置	10×	1×
減衰比	10：1	±2% 1：1
周波数帯域	DC〜350 MHz	DC〜35 MHz
入力抵抗	10 MΩ	1 MΩ
入力容量	10 pF	50 pF
最大入力電圧	300 V_{RMS}	150 V_{RMS}

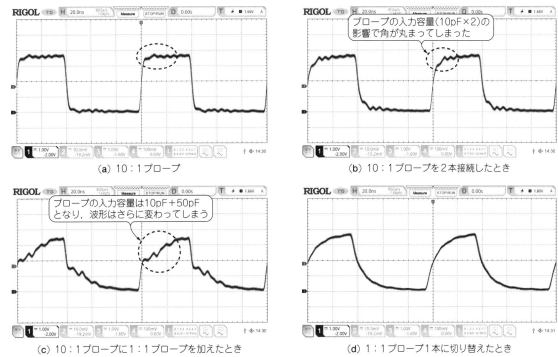

(a) 10：1 プローブ

(b) 10：1 プローブを 2 本接続したとき

(c) 10：1 プローブに 1：1 プローブを加えたとき

(d) 1：1 プローブ 1 本に切り替えたとき

図9.12　10MHzクロックを測定したときのプローブによる違い
1：1 プローブでは元の波形が分からない

● **プローブが負荷になり回路動作に影響を与える**

　このようにして低入力容量を実現したプローブでも，被計測回路から見れば負荷になることは変わりありません．

　冒頭の温度計と同じく程度の問題です．お湯の温度に相当するのが被計測回路のインピーダンスと考えることができます．プローブの入力インピーダンスが被計測回路のインピーダンスが十分に高ければ並列にプローブが挿入されても影響は少ないです．しかし，インピーダンスが低いとプローブが負荷として効いてしまいます．このことを「プローブの負荷効果」と呼びます．効果と言っても，良いことではありません……．

● **測定波形が変わってしまう**

　プローブの負荷効果を確認するために，ある回路の10MHzのクロック信号を減衰比10：1のプローブで計測した例を**図9.12 (a)** に示します．使用したプローブはスライド・スイッチで1：1と10：1を切り替えられるようになっています．

　プローブの負荷効果を調べるために同一の10：1のプローブをもう1本接続してみました．すると**図9.12 (b)** のように波形のようすが変わってきます．

　波形の違いに着目してください．約17pFの容量が回路に加わるだけで波形の立ち上がり部分に影響が出ています．ということは，1本のプローブでも多少は影響を受けて，本来の波形とは少し異なっていることが予想できるわけです．

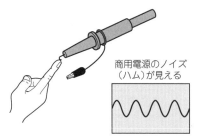

商用電源のノイズ
（ハム）が見える

図9.13　プローブ・ケーブルの動作確認
プローブ・ケーブルの芯線は髪の毛並みに
細く，意外と断線しやすい

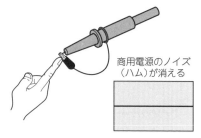

商用電源のノイズ
（ハム）が消える

図9.14　グラウンド線の動作確認
プローブの断線で多いのがグラウンド線で
ある．予備の用意をお勧めする

　減衰比を1:1にしてプローブを加えた場合を**図9.12（c）**に示します．大きな入力容量の影響で，元の信号が大きくひずんでいることが分かります．もはやまともな計測とは言えません．回路の動作もおかしくなっているかもしれません．

　同じ10MHzクロック信号を減衰比1:1で計測した結果を**図9.12（d）**に示します．入力容量による信号への影響と低くなった周波数帯域の両方の影響で，もはや計測とは言えません．

　では減衰比1:1のモードはどのような場合なら使えるのでしょうか．

　入力容量が大きくてもあまり問題にならないほど回路のインピーダンスが低い，信号の周波数が低い，感度が必要，このようなときに使いましょう．たとえば電源リプルの測定では有効です．

9.2.7　プローブを使う前の始業点検

　オシロスコープでの測定で一番多いトラブルはプローブの断線です．断線にはケーブル芯線の断線，グラウンド線の断線の二つがあります．断線のチェックは簡単です．

● ケーブル芯線のチェック

　図9.13のようにプローブ先端に触れると商用電源から誘導された50/60Hzのノイズ（ハム）が出ます．これが出ればOKです．

● グラウンド線のチェック

　グラウンド線が断線しても何らかの波形は見えてしまうため，断線に気付かず測定を続けてしまうことがあります．チェックするには**図9.14**のようにグラウンド線先端のクリップをプローブ先端に接続し，指で触れます．ノイズが消えればOKです．念のため付け根が断線気味でないかもチェックしましょう．

9.3　プローブのグラウンド線の悪影響と対策

　プローブの入力インピーダンスはプローブ本体に記載されていますが，実は見えない要素もあります．それは**写真9.7**に示すグラウンド線のインダクタンスの影響です．プロービングの際はプローブ専用のテスト・ポイントが設けられていない限り，グラウンド線を被計測ポイント近くのグラウンドに接続します．しかし，このグラウンド線がくせ者です．

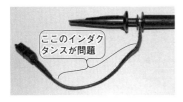

写真9.7 標準プローブ付属のグラウンド・リード

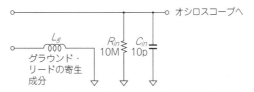

図9.15 グラウンド線を含めたプローブの等価回路
グラウンド線がインダクタンス成分を持つ

　ケーブルやプリント基板のパターン，部品のリード線など，回路を構成する要素のすべてがインダクタンスを持ちます．つまり，コイルとしての性質を持っています．例えば，1cmの部品リード線は約10nHのインダクタンスに相当すると言われています．

　そのため，プローブのモデルは図9.15のように考えられます．入力抵抗R_{in}は10MΩと大変大きいので無視すると，C_{in}とL_gからなる共振回路になります．このため信号が高速になるほどリード線の影響を受けてしまいます．

　高速ステップ信号を観測した場合の立ち上がり部分に起こる，リンギングと呼ばれる振動が正に共振による影響です．この共振周波数は以下の式で求められます．

$$f = \frac{1}{2\pi\sqrt{L_g C_{in}}} \quad\cdots\quad (9.3)$$

　図9.16（a）にプローブ付属のグラウンド・リード線を使って高速ステップ信号を観測した例を示します．リンギングが発生しています．メーカの標準品だからといって万能ではありません．そのまま使えるのは10MHz程度までと思っていた方がよいでしょう．

　同じことはグラウンド線を長くした場合だけでなく，被計測ポイントにリード線を接続して引き出した場合にも当てはまります．配線が存在する以上インダクタンスが存在しますから，リンギングが発生します．リンギングをなくすには共振周波数を上げて，信号の立ち上がり部分に収束させてしまえばよいわけです．そのためにはLCの値を小さくします．

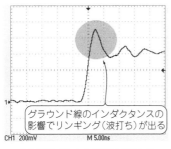

（a）標準プローブ付属のグラウンド・リードを使用

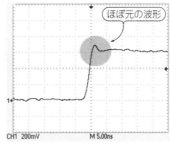

（b）オシロスコープ・メーカのアダプタを使用

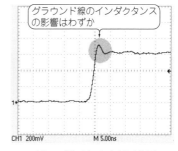

（c）スプリング・コンタクトを使用

図9.16 グラウンド線の影響をステップ応答の違いで確認
インダクタンス成分が入力容量と共振する

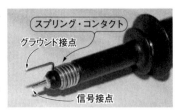

写真9.8　スプリング・コンタクト
をプローブに装着したようす

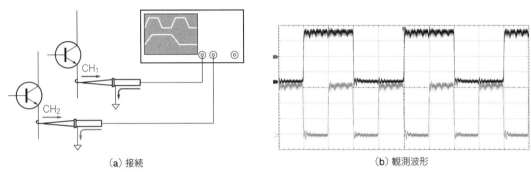

（a）接続　　　　　　　　　　　　　　　　　　　　（b）観測波形

図9.17　複数チャネルを測定する場合の正しいプロービング

● インダクタンスを減らすには

インダクタンス L を減らす方法は一つ，線を短くすることです．

図9.16（b）は，観測対象のボードにテスト・ポイントを設けて使用するアダプタで観測した例です．アダプタはオシロスコープ・メーカよりアクセサリとして販売されています．ほぼ完ぺきなプロービングが可能ですが，わざわざテスト・ポイントを設けるのは非現実的かもしれません．

そこでよく使われるのが，写真9.8に示すメッキ線を使ったスプリング・コンタクトです．手で観測対象の信号配線に当て続けなければなりませんから，使い勝手は落ちます．しかし，図9.16（c）に示すように，グラウンド・リードの影響をほぼなくすことができ，かなり効果があります．

スプリング・コンタクトはメッキ線ですから，ボードのグラウンドに簡単にはんだ付けができます．すると軽く手で支えてやるだけでプローブ先端を被測定点にあてることができます．さらに短いリード線は外部から受けてしまうノイズにも強くなります．

同じ注意は信号側にも言えます．被測定点から不用意に測定用リード線を引き出すことは，長いグラウンド・リードを使うことと同じ悪影響があります．

9.3.1　正しいグラウンド線のつなぎ方

プローブの接続法（プロービング）について別の事例をお話します．プロービングはそれくらい大切です．

「オシロスコープのチャネルのグラウンドはすべて共通ですよね．ならばプローブのグラウンド線は1本だけでよいですよね」という質問を受けたことがあります．この考えは，被計測信号が直流の場合や周波数が低ければ，おかしな波形が見えないので問題はないのかもしれません．

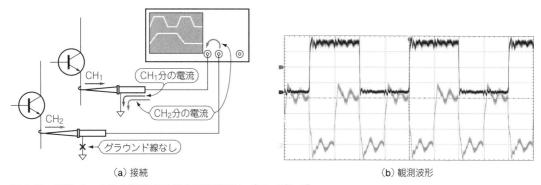

（a）接続　　　　　　　　　　　　　　　　　　　　（b）観測波形

図9.18　複数チャネルを測定する場合の不適切なプロービング

　本当は，**図9.17**（**a**）に示すように，すべてのプローブのグラウンド線は被計測信号の信号グラウンド近くに最短距離で取らなければなりません．**図9.17**（**b**）はチャネルごとにグラウンド線を接続した場合の波形で，クロックは20MHzです．

　プローブの入力インピーダンスは直流的には10MΩと大変高い値です．しかし，入力容量は約10pFなので，信号の周波数が高くなるとインピーダンスが低下します．

　インピーダンスは無限大ではなく，高周波的にはかなり低いものです．プローブの先端に入力された信号はプローブの芯線を伝わり，オシロスコープのアンプの入力端子（の容量）を通ります．グラウンド線を通って被計測回路のグラウンドまで戻ってきます．

　もし，グラウンド線を1本しか接続していないと，もう一方のチャネルに流れ込んだ電流は，**図9.18**（**a**）に示すように，オシロスコープのシャーシ・グラウンドを経由します．共通のグラウンド線を流れて被計測回路のグラウンドに戻ります．

　このグラウンド線は，インダクタとして働きます．つまり，オシロスコープの入力端子のグラウンドと，被計測回路のグラウンドの間にインピーダンスが入るわけです．オシロスコープのグラウンド電圧がAC的にはゼロでなくなります．

　図9.18（**b**）がグラウンド線を1本しか接続しなかった場合の波形です．**図9.17**（**b**）と比較すると，ぞっとするほど汚い波形になっています．この現象は，遅い信号を観測している場合は見えないことがあります．しかし，時間軸を速くすれば波形が暴れているのが分かります．

9.3.2　アクティブ・プローブの活用

　グラウンド線の悪影響を避けるもう一つの方法は，入力容量を減らすことです．アクティブ・プローブという，プローブ先端にアンプが内蔵されているプローブがあります．FETを使用したものは「FETプローブ」と呼ばれているので，この呼び方の方が一般的かもしれません．最近はFET以外のデバイスも使われているので，アクティブ・プローブと呼ぶことが多くなりました．

　アクティブ・プローブであれば1pF前後の入力容量を実現できます．被計測回路に与える負荷効果が小さくなるので，高速回路の計測には大変有利なプローブです．ただし，高価であることと，過入力や静電気で壊れることがあるのが難点です．使い方の詳細は第14章で紹介します．

9.4 簡単にできる高周波用プローブの製作

　少しの手間と工夫で簡単に高周波用プローブを自作できます．実際にメーカからも製品として販売されている Z_0 プローブと呼ばれているものです．回路図を**図9.19**に示します．

　50 Ω の同軸ケーブルの先端に450 Ω の抵抗を付けるだけです．このプローブは50 Ω で終端する必要があるので，オシロスコープの入力インピーダンスを50 Ω にする必要があります．

　測定帯域幅の上限が500 MHz クラスのオシロスコープは1 MΩ，50 Ω の切り替えがあります．100 M ～200 MHz クラスでは1 MΩ だけが多いと思います．その場合には，BNCタイプの「50 Ω フィード・スルー・ターミネーション」という終端抵抗を使用します．これは1 GHz くらいまで特性が保証された50 Ω の無誘導抵抗が内蔵されています．

　この Z_0 プローブの入力抵抗は500 Ω ですから，直流的にはあまり高いとは言えません．直流成分や低周波成分には影響があり，信号の振幅が若干小さくなります．しかし，入力容量は1 pF 程度，製品によっては，もう1けた小さい値なので，高速パルスの形を観測するには大変優秀です．

　図9.20は，今回取り上げた1：1のプローブ（ただの同軸ケーブルと同じ），10：1の標準プローブ（10 MΩ，10 pF），そして10：1の Z_0 プローブ（500 Ω，1 pF）の入力インピーダンスが周波数とともにどのように変わるかを示したものです．

　グラフの右下の破線は10 MHz クロックの基本波と高調波成分のイメージです．10 MHz のクロックなので，基本繰り返し周波数10 MHz，第3高調波30 MHz，第5高調波50 MHz，…と多くの奇数次高調波成分を持っています．波形の立ち上がり部分に多く含まれる第5，第7高調波付近では，Z_0 プローブの入力インピーダンスは標準プローブより高く，また広い周波数範囲にわたり平たんです．このことから，高速パルスの形状に与える影響が少なくなります．

　一方で，基本繰り返し周波数である10 MHz では，標準プローブの入力インピーダンスの方が高いため，振幅は標準プローブの方が正しい値に近くなります．

　Z_0 プローブは簡単に自作できるので，ぜひトライしてみてください．

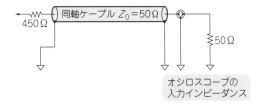

図9.19　高周波用プローブ「Z_0 プローブ」の回路

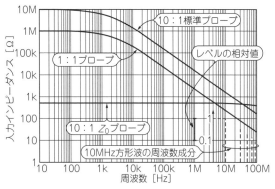

図9.20　各種プローブの入力インピーダンス
周波数が高いところで波形の形を重視するなら Z_0 プローブが良好な特性を持つ

144

9.5 オシロスコープとプローブに相性がある理由

以前はオシロスコープとプローブの周波数帯域を別々に決めていました. 最近の製品では, 標準プローブと組み合わされた状態で周波数帯域を決めている場合が多くなったようです.

オシロスコープとプローブは何も考えずに組み合わせると, 問題がある場合もあります.

例えば, 200 MHz帯域のオシロスコープに, 100 MHzオシロスコープ付属のプローブを使ったとします. この場合, どのような特性になるのでしょうか. 100 MHz? 200 MHz?

実は答えはありませんが, とある実例をお話ししましょう. この組み合わせで高速パルスの立ち上がり部分を観測したところ, なんと数十％ものオーバーシュート／アンダーシュートがありました (図9.21). 実はこのプローブ, 300 MHzくらいまでの信号を通していたのです. ところが周波数特性が良くありません. 100 MHzまでは平たんですが, それ以上でかなり暴れた特性でした.

このプローブの本来の組み合わせである, 100 MHzオシロスコープと使う場合は問題がありません. なぜならば, この周波数特性が暴れた部分は100 MHzのオシロスコープの立ち上がり部分に隠れてしまって見えないためです. 200 MHzのオシロスコープは立ち上がりが急峻なため, ボロが見えてしまったわけです.

このように, プローブとオシロスコープの組み合わせには注意を払う必要があります. 標準プローブまたはメーカが推奨している各種プローブを使う方が無難です.

9.6 電流波形や高電圧波形を測るには

9.6.1 電流波形を測るには

オシロスコープおよび標準プローブは電圧を入力するように作られていますが, 電気信号は電圧とは限りません. 電流を観測したい場合もあります. さらに, 電圧, 電力が同時に計測できれば電力波形を計算することも可能になります.

電流を測るには, 何らかの方法で電流を電圧に変換します. 例えば抵抗を回路に直列に挿入する方法

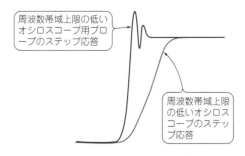

図9.21 プローブとオシロスコープの不適切な組み合わせ
プローブの特性が平たんでなくなってしまう場合がある

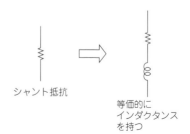

図9.22 シャント抵抗もインダクタンス成分を持つ

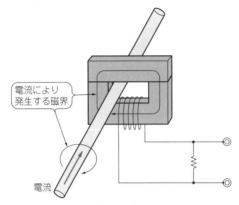

図9.23　AC電流プローブの原理
1次側が1ターンのトランスのようなもの

があります．その抵抗（シャント抵抗）の両端電圧波形を計測すれば，

> 電流＝電圧／抵抗

ですから，電圧目盛りを読み換えればOKです．
　ただし考慮しないといけない点があります．

> (1) 回路の内部インピーダンスに影響する（影響が少ない抵抗値にする）
> (2) 周波数特性へ影響する

　抵抗値が大きいと変換定数は大きくとれますが，回路に与える影響が大きくなります．抵抗自体は等価的にインダクタンスを直列に持ちます．**図9.22**のように考えると，このインダクタンスの影響により，周波数帯域は広くとれないことが分かります．
　別の方法が電流プローブです（**図9.23**）．電流プローブは一種のトランスで，被計測回路を1ターンのコイルとみなして電流を電圧波形に変換します．ただしあくまでトランスですから直流電流は計測できません．また低周波では感度が低下します．
　この欠点を解決したものがトランスとホール素子を併用したDC/AC電流プローブですが，高価になるのが欠点です．

9.6.2　高電圧波形を測るには

　オシロスコープで高電圧を計測する場合はどうすればよいでしょうか．
　オシロスコープの電圧感度は，2mV/div〜5V/div（中級機以上では1mV/divというのもある）です．
10:1のプローブを使うと20mV/div〜50V/div，最大電圧は電圧軸8目盛りですから50V×8＝400V
でしょうか．オシロスコープの入力コネクタ部分での最大入力電圧は300V程度ですが，それとは別に
プローブ先端での最大入力電圧が決められています．
　ここで使用した1:1，10:1切り替え式プローブは最大入力は300Vです．目盛りは400V分あること
から注意が必要です．

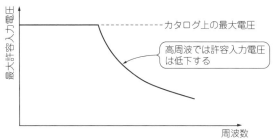

図9.24 プローブの最大許容入力電圧は周波数で変わる

高電圧を測定する場合はプローブの定格を十分に確認する必要がある

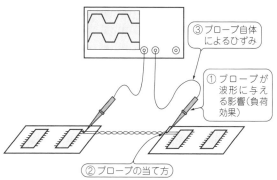

図9.25 プローブによる誤差の要因

300 V以上を測る場合は100：1の高電圧プローブの出番です．

100：1プローブの基本原理は10：1のプローブと同等です．プローブ先端の抵抗が9 MΩから99 MΩになります．入力抵抗が大きくなったぶん，入力容量が減ります．高圧回路は内部インピーダンスが高い場合が多いですからこれは好都合です．ただし，高圧プローブに限らず，許容入力電圧は図9.24のように周波数が高くなるにつれて減少します．使用する前には性能表を確認することが大事です．

プローブは「被計測信号とオシロスコープ間の取り持ち」です．最適なプローブを選ぶことが大切です．

9.6.3 誤差を招く三つの要因

波形観測では必ず誤差が含まれます．最後にここで学んだことをまとめます．

プローブが観測したい信号に影響を与える要因は図9.25に示すように三つあります．
① プローブが回路に入ることでプローブの入力インピーダンスが回路の負荷として働いてしまい，波形に影響を与える
② 不適切なプローブの当て方で波形ひずみを発生させたり，ノイズを拾ったりする
③ 周波数帯域を含むプローブ自体の持つ固有のひずみが波形に影響を与える

この三つが必ず測定結果に影響を与えます．これらの影響は周波数が高くなればなるほど顕著になります．このことを常に念頭において測定を行いましょう．

電源回路の基本測定テクニック

10.1　電源ラインの配線インピーダンスによる悪影響

10.1.1　電源回路の出力は低電圧化と大電流化が進む

　ACアダプタそのものの消費電力も重要で，ちりも積もれば全体では大変な電力消費量になります．米国ではACアダプタだけで発電所何基分かの電力を消費すると言われています．そのため待機電力，動作時の電力を含めたトータルでの消費電力を抑えた設計が求められます．

　一方，パソコンやディジタル・テレビなどの性能向上には，高速の演算処理が必須になりました．そのためプロセッサが大量の電力を消費するようになりました．

　データ・レートの高速化とEMI特性を両立するため，ロジック回路の電圧スイングと電源電圧は**図10.1**に示すようにどんどん低下しています．以前は5Vだった電源電圧が，今では1.2Vも当たり前です．

　しかし，プロセッサの消費電力は劇的に低下することはありません．「電力＝電圧×電流」ですから，電圧が下がって電力が変わらなければ電流が増えることになります．そのため配線インピーダンスが電源電圧に与える悪影響が大きな問題になり，**図10.2**で示されるように，ケーブルやプリント・パターンの持つ抵抗成分やインダクタンス成分が無視できなくなってきました．

　例えば，ICの電源端子にデカップリング用のコンデンサを取り付けますが，このコンデンサはできるだけ端子の近傍に取り付けないと誤動作の原因になります．これは配線のインダクタンス成分が悪さをする典型的な例です．

10.1.2　分散電源で負荷変動による電源電圧の変動を抑える

　電源の負荷変動の問題は電源と配線の両方に対策を施さなければなりません．従来の設計では**図10.3**

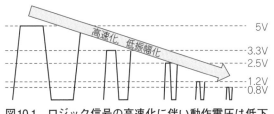

図10.1　ロジック信号の高速化に伴い動作電圧は低下する一方

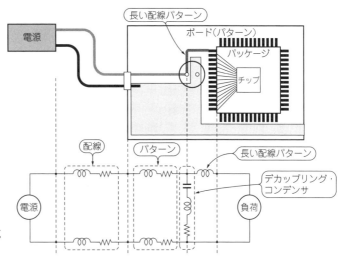

図10.2　配線には無視できない抵抗成分やインダクタンス成分が生じる

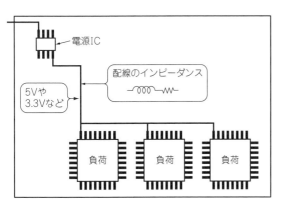

図10.3　従来の電源は配線インピーダンスは気にならなかったので空いている場所に配置されることもあった

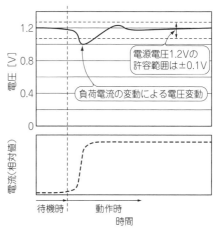

図10.4　電源電圧の変動はわずか±0.1Vしか許容されていない

のようにボードの端，はっきり言えばどうでもよい場所に電源ICが置かれていたこともあるでしょう．

　その際は5Vや3.3Vの安定した電圧を供給できればよかったわけで，電源対策と言えば周波数特性の異なるコンデンサを適宜，デカップリング・コンデンサとして使用していました．

　しかし，**図10.4**のように1.2Vの電源に許容されている電圧変動はわずかに±0.1Vしかありません．プロセッサの動作モードが変化した場合，配線の持つインピーダンスによって瞬間的に電源電圧がドロップし，動作不良に陥る危険性があります．

　この問題はパワー・インテグリティと呼ばれています．シグナル・インテグリティは高速信号の波形品質ですが，それを劣化させる一因が電源の品質でもあります．問題解決の方法としては，配線の持つインピーダンスを下げるために配線の長さを減らすこと，適切な性能のデカップリング・コンデンサを適所に配置すること，それから高速のリカバリ特性を持つ電源を採用することが考えられます．

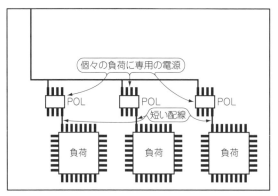

図10.5　分散電源では負荷の近くに電源を配置して配線インピーダンスを小さくしている

効果的な手法が**図10.5**の分散電源と呼ばれるものです．そして，高速でリカバリできる電源を負荷の近傍に置く，というのがPOL（Point Of Load）の考え方です．

10.2　電源のリプル&電圧ドロップの測定

リプルは電源自体に起因するものと，負荷変動により発生するものがあります．さらに前者は商用電源によるものとスイッチングによるものの二つに分けられます．

10.2.1　電源回路に起因するリプルを測定

図10.6のように電源に起因するリプルは定常的に発生しているものですから，比較的容易に測定できます．電源に起因するリプルは周波数が低く，また，電源のインピーダンスが非常に低いです．

従って，標準のパッシブ・プローブ，または感度が必要な場合は「1×」のパッシブ・プローブを使用し，**図10.7**に示すようにオシロスコープの入力カップリングはAC接続（DC成分を除去）にして測定します．

10.2.2　負荷変動による電圧ドロップを測定する

電源電圧の変動が問題ない範囲に収まっているかどうかの検証をしなければなりません．消費電力の

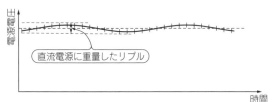

図10.6　直流電源に重畳したリプルのイメージ

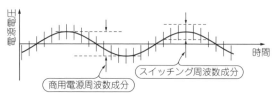

図10.7　図10.6のリプルを拡大するにはオシロスコープの入力カップリングをACにして，電圧レンジを拡大する

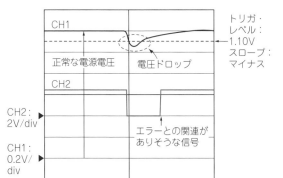

図10.8　瞬時の電圧ドロップでトリガをかける例
この場合，電圧：1.1 V，スロープ：立ち下がりとした

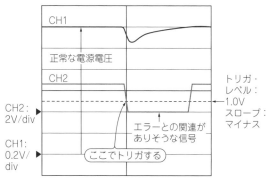

図10.9　図10.8と同じ信号だがこちらはエラーと関係のありそうな信号に対してトリガをかけた例

急増による電源電圧のドロップは単発信号であり，直流電圧の瞬間の変動です．ですから，オシロスコープの入力カップリングはDC結合にします．

　電圧感度は，振幅がほぼフルスケールになるように，例えば1.2 Vの電源ラインであれば0.2 V/divにし，ゼロ・レベルを下から1目盛りに移動すれば，1.2 Vは上から1目盛りの所にきます．トリガはシングル・トリガを選びます．トリガ・ソースに何の波形を用いるかは回路によります．

● **電源電圧自体のふれをトリガにする場合**

　図10.8に示すようにトリガ・レベルを1.1 V程度，トリガ・スロープをマイナスにすれば電圧が1.1 V以下になった点がトリガになります．

● **何らかの現象をトリガにする場合**

　別のチャネルに「何らかの現象」の信号を入力し，その信号をトリガ・ソースにします（**図10.9**）．するとその時点で電圧に変動があるのかどうか簡単に知ることができます．

10.3　ディジタル信号のエッジから生じるリプル測定の難しさ

10.3.1　多数の信号線が同時にON/OFFすることで生じる電源電圧のリプル

　電源リプル，負荷変動による電源電圧変動に加え問題となっているのが，高速デバイスの動作による電源電圧の振れです（**図10.10**）．

　電源のインピーダンスが高周波領域でも十分に低ければ問題はありませんが，パターン設計，デカップリング・コンデンサの選択や位置が不適切な場合，電源のインピーダンスが高周波領域で上昇します．

　そして多くのビットが同時に‘0’から‘1’，または‘1’から‘0’に変化することで消費電流が瞬間的に変化します．その際に生じる電源電圧のリプルが機器の動作に悪影響を与えます．

　図10.11のように信号を受け取るデバイスの電源電圧が変動すると，信号の‘0’，‘1’を切り分けるしきい値電圧も変化します．ということは，信号を受け取るデバイスの出力信号は電源電圧の変動に同期して時間的に揺らぎ（ジッタ）を持ってしまいます．これが高速信号におけるジッタ発生の一因と言われています．

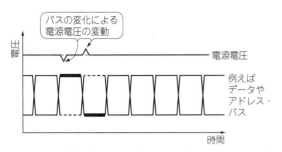

図10.10 高速デバイスのデータ・バスやアドレス・バスの変化が電源電圧に影響を与えたときのイメージ

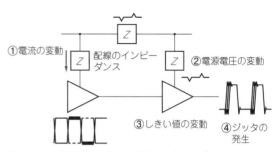

図10.11 他のICで生じた電源リプルがジッタの要因になる過程の一例

10.3.2 高速信号による影響の測定と外来ノイズの対策

　この種のリプルは測定がやっかいです．電源リプルとはいえ，かなりの高周波になるためパッシブ・プローブでは周波数帯域が足りない場合があります．広帯域のアクティブ・プローブとオシロスコープの登場になりますが，アクティブ・プローブは入力カップリングをACにできませんからオフセットをかけることになります．

　問題は，電源電圧に相当するオフセットをかけた状態でどこまで感度が上げられるか，という点です．リプル電圧は数十mVの単位になりますから，できるだけ高感度なプローブとオシロスコープを選択することが大切です．

　また，外来ノイズの影響を最小限にすることが大切です．図10.12 (a) のように，アクティブ・プローブといえども不用意なグラウンド線は外来ノイズに対してアンテナとして働いてしまいます．信号にノ

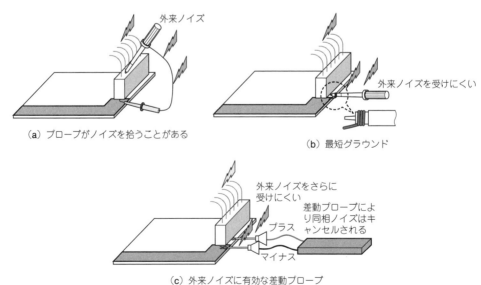

図10.12 プローブによって発生するノイズを防ぐ方法

イズが多いと思っていたら実はプローブがノイズを拾っていた，という例が少なくありません．すると本来信号に乗っていたノイズなのか分からなくなってしまいます．この場合，**図10.12** (b) のようにグラウンド線を最短にすることで外来ノイズを減らせます．

　さらに有効なのは**図10.12** (c) に示す差動プローブです．差動プローブは差動信号を測定するもの，というイメージがありますが，実は差動プローブの持つ大きな特徴である同相成分のキャンセル機能がノイズの低減に役に立ちます．

10.4　高周波リプル測定プローブの製作

　図10.13を見てください．電源ノイズというとDC電源が発生源と思われがちですが，ロジック回路やロジック・デバイスの高速化によって，デバイスがノイズ源になり，誤動作の原因になることがあります．

　DC電源が発生するノイズは商用電源周波数に由来する低周波成分とスイッチング回路によるスパイク状のノイズです．一方，ロジック・デバイスが発生するノイズは動作速度による高速ノイズです．

　ロジック・デバイスの動作がほかのデバイスに与える影響を**図10.14**に示します．ロジック・デバイスの動作が変化して，例えば多くのビットが同時にON/OFFすると次のような機序でノイズが発生します．

⇒消費電流が急激に変化
⇒電源ラインの寄生インダクタンスにより逆起電力が発生し，電源ラインのノイズになる
⇒ほかのデバイスの電源電圧，内部の閾値に影響する
⇒出力にジッタ（時間方向のノイズ）が発生

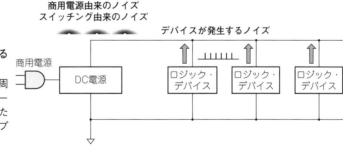

図10.13　ロジック回路におけるノイズ
デバイスの発生するノイズは広い周波数範囲にわたる．電源のインピーダンスを下げ，ノイズを低減するためにタイプや容量の異なるデカップル・コンデンサが使われる

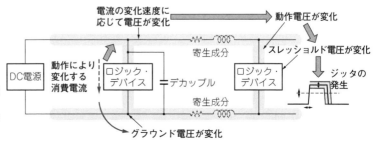

図10.14　ロジック・デバイスが発生するノイズの影響
「風が吹けば桶屋が儲かる」式に時間方向のノイズともいえるジッタが発生する

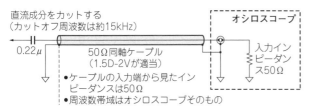

直流成分をカットする
（カットオフ周波数は約15kHz）

0.22μ

50Ω同軸ケーブル
（1.5D-2Vが適当）

オシロスコープ

入力インピーダンス50Ω

・ケーブルの入力端から見たインピーダンスは50Ω
・周波数帯域はオシロスコープそのもの

図10.15　簡単に作れる電源ノイズ専用プローブ
安全のためにもプローブ先端はグラウンドと電源ラインにはんだ付けして使用する

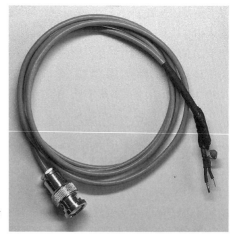

写真10.1　高周波電源ノイズを観測するための自作プローブ

10.4.1　簡単に作れる専用プローブの回路

この高周波電源ノイズを観測するためのプローブには次の性能が必要です．

- ノイズの振幅に対応した高感度…小さな減衰比
- 高周波数帯域
- 小さな負荷効果

　10：1パッシブ・プローブとアクティブ・プローブは感度の点で不十分です．そこで入力インピーダンスはAC入力で50Ωと大きくはありませんが，減衰比1：1，周波数帯域はオシロスコープそのものになるプローブ（**図10.15**，**写真10.1**）があります．特性インピーダンス50Ωの同軸ケーブルの先端に直流をカットするためのセラミック・コンデンサを取り付けたもので，オシロスコープの入力インピーダンスは50Ωで使用します．

第11章
パワエレ/スイッチング回路の測定テクニック

11.1　オシロスコープによる3相電圧波形の測定

　商用電源の周波数に同期して回転する工業用モータとは異なり，インバータと組み合わせるモータはさまざまな回転数，トルクで動作するため電圧，電流は大きく変化します．

　電力の測定では多入力の電力計が使われますが，波形レベルの解析では絶縁入力のレコーダがおもに使われます．また，高電圧差動プローブを使うことでも測定は可能です．

　図11.1は三相モータの相電圧を測定している例です．近年では6～8チャネル入力のオシロスコープが登場し，電流プローブと組み合わせて三つの相の電圧，電流を測定することが可能になりました．

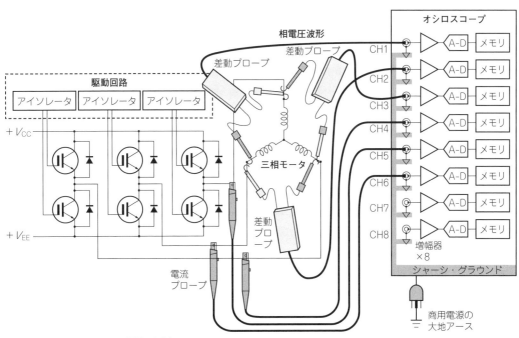

図11.1　三相モータの駆動電圧測定
U，V，W各相間の電位差を高電圧差動プローブで測定．絶縁入力のレーダであれば通常のパッシブ・プローブか高電圧プローブで測定できる．ただし絶縁入力であっても完全ではなく，コモン・モード除去には制限がある

写真11.1　電流プローブTCP312A（テクトロニクス）

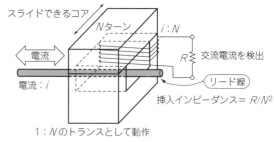

図11.2　AC電流プローブの動作

11.2　電流プローブによる電流波形の測定

11.2.1　スイッチング電流の検出

　スイッチング電源は，小型・軽量，高効率，低コストであることから多くの製品に使われています．そのスイッチング・ノイズが問題になる製品では，古典的なシリーズ・レギュレータ式の電源が使われています．例えば高級オーディオの電源は古典的なトランス＋整流器＋大容量の電解コンデンサで構成されるシリーズ・レギュレータが使われています．実際にはスイッチング周波数は可聴帯域外ノイズですから，スイッチング電源を採用しているメーカもあります．最近では大出力を要求されるAVアンプでも使われるようになってきました．

　スイッチング電源に限らず，スイッチング回路は身の周りにいくらでも使われています．冷蔵庫，エアコンに加え，最近では洗濯機だけでなく掃除機のモータ駆動にもスイッチング回路であるインバータが使われています．蛍光灯に使われている電子安定器もスイッチング回路です．スイッチング回路ではパワーMOSFETやIGBTなどのスイッチング用パワー・デバイスが使われ，これらの動作解析にはオシロスコープなどが使われます．そして電流の検出には何らかのセンサが必要です．

● 使い方が限られるシャント抵抗

　ディジタル・マルチメータにおいては電流検出の際，回路に直列に抵抗を挿入して，流れる電流を電圧に換算しています．この手法はデバイスに流れる定常電流，異常電流の検出などでも一般的に使われる手法です．

　しかし周波数が低いとは限らない波形観測においては，必ずしも適した手法とは言えません．それは挿入抵抗（シャント抵抗という）が，等価的にコイルとしても働いてしまうからです．すべての配線は存在するだけでコイルとして考えなければなりません．そのためクランプ式の電流プローブが多用されます．

● 直流と交流を簡単に測れる

　電流プローブの外観を**写真11.1**に示します．原理は大変簡単です．先端は「コの字型」と「Iの字型」のコアで構成されています．Iの字型のコアがスライドするため簡単にクランプできるわけです．

　図11.2に示すようにクランプされるリード線は，1ターンのコイルを形成すると考えられるので，全体では1：Nのトランスになります．2次側は抵抗で終端され，電圧として変換されます．1次側から見たインピーダンス，つまり挿入インピーダンスはトランスの原理から $(\frac{1}{N})^2 R$ [Ω] になるので，等価

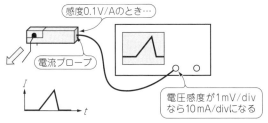

図11.3　電流プローブはクランプした電流値に比例した電圧を出力しオシロスコープに波形を表示する

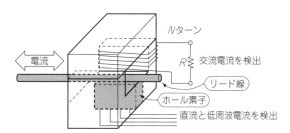

図11.4　DC/AC電流プローブの動作

的な挿入インピーダンスは小さくなります．

　電流プローブはクランプした電流の値に比例した電圧を出力します．**図11.3**に示すように例えば0.1 mV/mAという変換率（感度）をもつとします．これは1 mA流れていれば0.1 mV，10 mA流れていれば1 mVの電圧に変換されるという意味になります．オシロスコープの最高電圧感度は1 m～2 mV/divですから，この場合10 m～20 mA/divの感度になります．

● **直流も測れるDC/AC電流プローブ**

　単にクランプするだけで電流が測定できる大変便利な電流プローブですが，原理はトランスです．直流電流や周波数が低い信号には使用できません．そこで直流電流も扱えるように作られているのが**図11.4**に示すホール素子を併用したDC/AC電流プローブです．内蔵または外部の専用のアンプを使うためやや高価になりますが，非常に便利なプローブです．

11.2.2　電流プローブの測定範囲

　電流プローブの主な性能の目安は，周波数帯域と最大電流です．ところがこの最大電流がくせ者で，多くの制限があります．ここでメーカの提示している仕様とその解読方法をお話しましょう．例として電流プローブ TCP312A型と電流増幅器 TCPA300型（いずれもテクトロニクス）の組み合わせを紹介します．性能表には次のように記載されています．

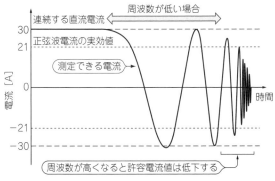

図11.5　電流プローブの最大許容電流は周波数で変動する
時間軸で考えた場合

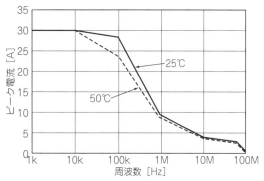

図11.6　電流プローブ TCP312Aのピーク電流と周波数の関係

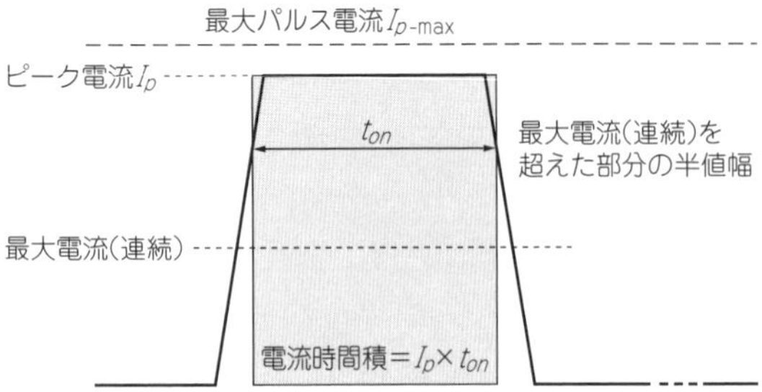

最大パルス電流 $I_{p\text{-}max}$

ピーク電流 I_p

t_{on}

最大電流（連続）を超えた部分の半値幅

最大電流（連続）

電流時間積 ＝ $I_p \times t_{on}$

図11.7　電流プローブのピーク電流
測定波形が単発パルスや周波数が低い繰り返しパルスの場合は電流時間積を考慮する

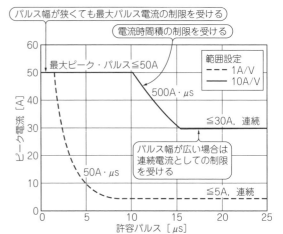

パルス幅が狭くても最大パルス電流の制限を受ける

電流時間積の制限を受ける

最大ピーク・パルス≦50A

500A・µs

範囲設定
--- 1A/V
── 10A/V

≦30A，連続

50A・µs

パルス幅が広い場合は連続電流としての制限を受ける

≦5A，連続

ピーク電流〔A〕

許容パルス〔µs〕

図11.8　電流プローブTCP312Aにおける単発パルス電流の許容値

感度10 A/Vにて
1.　DC（連続）　　　：30 A
2.　RMS（正弦波）　：21 A
3.　ピーク・パルス　：50 A
4.　最大電流時間積：500 A・µs

1.，2.の連続する直流電流，および正弦波電流についての制限を図示すると**図11.5**になります．

周波数が高くなると電圧プローブと同じように許容電流値は低下します．これを示しているのが**図11.6**のディレーティング・カーブです．横軸が周波数，縦軸が最大許容電流です．最大許容電流はメーカによってピーク電流だったり実効値だったりと，異なっています．

例えば**図11.6**を見ると，連続での最大電流は30 Aピークとされていますが，これはDC～数十kHzまでの場合です．1 MHzになると約17 Aと半分程度にまで減ってしまいます．10 MHz以上では5 Aになります．さらに周囲温度にも依存していることがわかります．

では，単発電流波形や周波数が低い繰り返しパルスの場合の許容値はどう考えればよいのでしょうか．この場合には**図11.7**に示すとおり最大パルス電流と電流時間積の両方で制限されます．最大パルス電流は一瞬たりとも超えてはならない制限値です．電流時間積は，正確には連続電流での許容値を超えた部分のパルスの半値幅とピーク電流値を掛け算したものです．

わかりやすく単発のパルス幅と許容ピーク電流の関係を示したグラフが規定されています．**図11.8**は横軸に測定したいパルスの幅が，縦軸は測定できる最大ピーク電流がプロットされています．この図から読み取ると，測定できる最大電流は次のようになります（感度が10 A/Vの場合）．

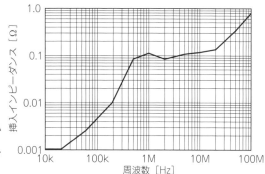

図11.9　電流プローブTCP312A の挿入インピーダンス
電流ループのインダクタンス成分が
測定波形に影響を及ぼす

- パルス幅が $10\,\mu s$ より小さいとき最大パルス電流の $50\,A$ で制限される
- $10\,\mu s <$ パルス幅 $< 15\,\mu s$ の場合，電流時間積 $500\,A \cdot \mu s$ で制限される
- $15\,\mu s <$ パルス幅の場合，連続電流の $30\,A$ で制限される

　なお，メーカによっては電流時間積の規定がない場合もあります．また性能の表示方法がわかりにくい，マニュアルやカタログから判断できない場合などはメーカに問い合わせた方がよいと思います．

11.2.3　電流プローブにもある負荷効果

　電流プローブを使うことで回路にはインピーダンス分が生じますが，**図11.9**の例のように小さいものです．しかし使い方を誤ると大きな誤差を生じます．

　プローブの形状から理想的なプロービングが困難なことがあります．だからといって挿入する部分に余分なリード線を引き回さないことです．リード線は $1\,cm$ 当たり約 $10\,nH$ のインダクタンスをもつといわれています．これが回路に直列に挿入され，波形の形を変えてしまう恐れがあります．

　もし，$10\,cm$ のリードを付加したとすると $100\,nH$，$1\,MHz$ でのインピーダンスは約 $0.6\,\Omega$，**図11.9**のプローブの $1\,MHz$ における挿入インピーダンスの6倍にも達してしまいます．まさに電圧プローブで問題となった入力容量と同じような問題が起こることになります．

　ここで紹介したコアを使った電流プローブのほかに「ロゴスキー・コイル」があります．らせん状に巻かれたコイルを使います．電流は微分された形で出力されるので，外部に積分アンプを使います．小型で狭い場所でも使えるのですが，直流電流を測ることはできません．

11.3　フローティング電圧の測定

　測定対象が常にグラウンドからの電圧とは限りません．**図11.10**のようにグラウンドから離れた2点間の電位差を測定したい場合があります．特にスイッチング回路ではよくあるケースです．このときにプローブのグラウンド・リードをそのまま電位の低い側に接続してもよいのでしょうか．

　よく使われるのが，オシロスコープのグラウンドをアースから浮かす方法です．何も起こらずに計測はできるかもしれません．もしもあなたがオシロスコープ本体に触らなければ…．

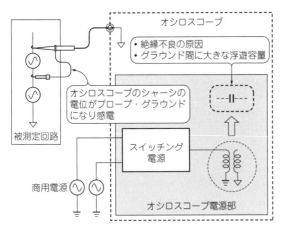

図11.10 フローティング測定ではグラウンドやアースの扱いが難しい

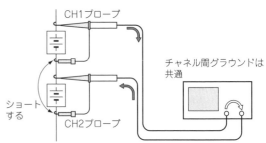

図11.11 グラウンド電位の異なる2点にはプロービングができない

　実はオシロスコープの入力BNCコネクタのアース側はオシロスコープ本体のグラウンドに直結しています．もちろん，すべてのチャネルのグラウンドがそうなっています．するとオシロスコープの本体の金属部分に触れた瞬間，プローブのグラウンド・リードに加わった電圧はそのままオシロスコープ本体に触れた人に加わります．

　さらにオシロスコープ内部の電源トランスがあたかも絶縁トランスのように動作しているため，電源にストレスが加わり，故障の原因になります．またグラウンド・リードとアースの間に大きな容量が乗ってしまい，計測結果に悪影響を与えます．ですからこの接続はお勧めできません．

　また，図11.11に示すように別のプローブのグラウンド・リードをほかの電位の点に接続したらショートしてしまいます．

　グラウンド電位が違う2点間の電位差を簡単に計測できる方法があります．それは図11.12のように2本のプローブを使う手法です．それぞれのプローブのグラウンドを共通のグラウンドに接続します．そしてプローブ先端を，電位差を計測したい2点に接続し，それぞれの波形を取り込みます．もちろん感度は同じ設定にします．そして波形演算にて「チャネル1－チャネル2」を実行します．これで安全に2点間の電位差を求めることができます．この手法を疑似差動計測と呼びます．

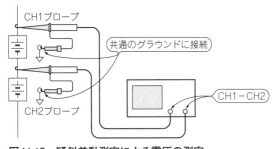

図11.12　疑似差動測定による電圧の測定

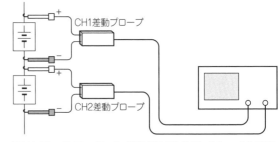

図11.13　フローティング計測には差動プローブを使うのがお勧め

　この方法はそれぞれのプローブに加わる電圧がプローブの最大電圧を超えていなければ安全に計測できます．ただし，次のような欠点があります．

- 2本のプローブ，つまり二つのチャネルを使ってしまう
- DC オフセットが大きく，測りたい変化部分の振幅が大きく取り込めない場合はどうしても誤差が大きくなる
- 二つのプローブの電気的特性が全く同じであることは困難

　フローティング計測には**図 11.13**に示される差動プローブを使うのがお勧めですが，差動プローブは決して安価ではありません．ただし差動プローブであっても，プラス入力とマイナス入力の周波数特性が全く同じというわけではありません．個体差によりプローブを入れ替えると測定される波形が異なってしまう場合があります．スイッチング回路などのフローティングにおいて，現在入手可能な最高の方法は光ファイバを使ったアイソレーションです．バッテリで駆動されるアンプと A-D 変換器，E-O 変換器をもつ送信部と，O-E 変換器と D-A 変換器で構成される受信部を光ファイバで接続するものです．決して安価な製品ではありませんが，ほぼ完全なアイソレーションが可能になります．

　なお差動プローブには，次の二つがあります．

- 高速の差動ラインを計測するもの
- 高電圧を計測するもの

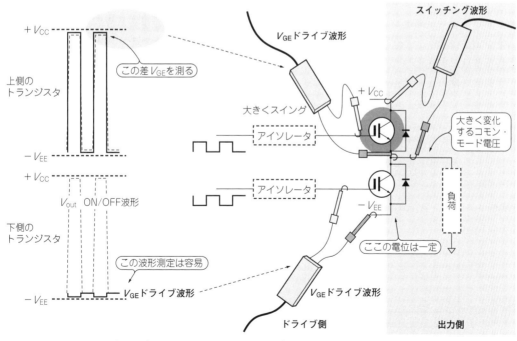

図 11.14　高電圧差動プローブによるハイサイド・トランジスタ測定での盲点
ハイサイド・トランジスタのドライブ信号測定では大きなコモン・モードが存在する

161

11.4　スイッチング・デバイスの駆動信号の測定

　インバータ内部の動作は高速なので，波形観測にはオシロスコープと高電圧差動プローブを使います．**図11.14**のようにゲート・ドライブ信号，スイッチング出力信号，スイッチング損失の解析には，スイッチング電流を同時に測定します．

　この測定では二つの大きな問題があります．スイッチング・デバイスのオン電圧測定とハイサイド側のゲート・ドライブ信号の測定です．

11.5　スイッチング・デバイスのON電圧波形の測定

　スイッチング・デバイスのオン電圧はスイッチング回路の損失の原因の一つです．できるだけ正確に測りたいわけですが，スイッチング電源の場合など，OFF時のドレイン−ソース間電圧V_{DS}は500V近いのに対し，ON時のそれは数V程度に過ぎません．

　波形のすべてを取り込むために波形の振幅をA-D変換器の入力レンジ内に収めたとします．ぎりぎりに収まったとしてA-D変換器の分解能は8ビットですから1/256です．1分解能（1LSB）は500/256≒2Vになります．**図11.15**に示すように数VのON電圧も計測したいのに分解能が2Vでは全然確度がとれません．しかも，オシロスコープの残留DCオフセットは完全にはゼロにはできません．これではうまく計測ができないことになります．

　そのため，オシロスコープの電圧感度を上げる方法がよく使われます．しかしこの方法は差動プローブやオシロスコープのアンプに過大な入力を加えることになり，多くの場合，波形にひずみが生じてしまいます（**図11.16**）．

　これを避ける方法として，クランプ回路を併用することがあります．ただし容量の関係で高速のスイッチング回路ではうまくいかないようです．そこでオシロスコープの電圧分解能をもっと高くできないか，ということになります．最近では，ほとんどの中級クラスのオシロスコープが，オーバサンプリングを

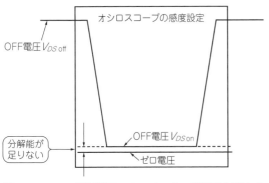

図11.15　OFF電圧数百Vのスイッチング波形を測定する際，分解能が不足しオン電圧を測定できない

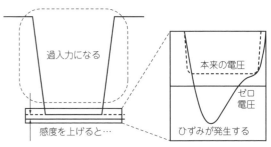

図11.16　図11.15のON電圧を測定するため感度を上げても差動プローブやオシロスコープのアンプ出力がひずんでしまい正確な波形は測定できない

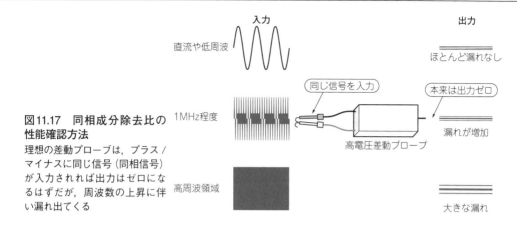

図11.17　同相成分除去比の性能確認方法
理想の差動プローブは，プラス／マイナスに同じ信号（同相信号）が入力されれば出力はゼロになるはずだが，周波数の上昇に伴い漏れ出てくる

使った「高分解能モード」を備えるようになりました．残留DCオフセットに注意する必要がありますが，このモードを使うと電圧分解能を8ビット以上に向上できます．

11.6　ゲート・ドライブ信号の測定

　ローサイド側のトランジスタではエミッタは一定の直流電圧，それを基準にゲート信号が変化するため，高電圧差動プローブが除去するコモン信号は直流です．

　ハイサイド側のエミッタ電圧は大きくスイングするスイッチング出力電圧になり，その電圧を基準にゲート信号を測定するため，高電圧差動プローブはコモンのスイッチング出力を除去しなければなりません．

　しかし，高電圧差動プローブのコモン成分除去能力は**図11.17**のように周波数が高くなるに従い低下します．ゲート信号はパルスなので，エッジ速度が速いほど高い周波数成分を含み，このため正確な波形測定が困難なケースが増えています．

● ほぼ理想に近い絶縁測定ができる光絶縁プローブ

　理想的な絶縁〜ガルバニック絶縁（1次側と2次側に電流が流れない）を実現する方法として光絶縁があります．**図11.18**を見てください．信号入力部（プローブ先端）の入力信号をE-O変換器で光情報

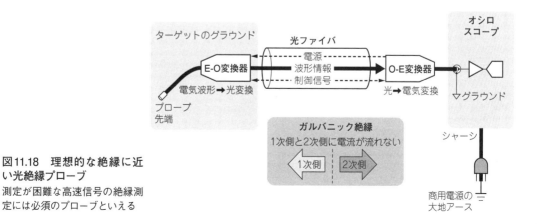

図11.18　理想的な絶縁に近い光絶縁プローブ
測定が困難な高速信号の絶縁測定には必須のプローブといえる

163

に変換し，光ファイバで受信部に送り，O-E変換器で再び電気信号に戻します．電源や制御信号も光で送ることで，ほぼ理想的な絶縁を実現できます．

従来製品は周波数帯域の点で性能的に高速スイッチング回路へは不十分でしたが，現在では周波数帯域1GHzの製品が発売されています．

11.7　電圧波形×電流波形…電力波形を「正しく」測る

電力波形は負荷やトランジスタに加わっている電圧波形と流れる電流波形が分かれば，電圧×電流の演算を行い，得ることができます．電力波形の面積を求め，単位時間で正規化すれば電力値がわかりますが，注意したいのが異なるプローブを使った場合のスキュー（遅延時間差）です．プローブの時間差が問題になるのは高速信号では？　と思われる方もいるでしょうが，周波数的には低いと思われているスイッチング回路においても気を付ける必要があります．

電力測定では電圧プローブと電流プローブの両方を使うので，必ずスキューがあると思った方が無難です．特にホール素子を使ったDC/AC電流プローブでは，プローブ先端で電流を検出してからオシロスコープの入力コネクタに届くまでに案外時間がかかります．小電流タイプで20ns程度，大電流タイプでは50n〜100nsもかかります．増幅器を持った差動プローブも標準プローブに比べて大きな遅延時間を持っています．

スイッチング周波数が遅い場合はあまり問題になりませんが，最近のスイッチング電源のような高速スイッチング周波数回路では，エッジ・スピードが10ns単位になります．このため，時間差（スキュー）の調整を行わないと**図11.19**のように電力波形演算が正しく行われません．

● スキューの調整方法

スキューをゼロに校正するためには同位相の電圧，電流が得られる校正用治具を使います．メーカからも供給されていますが，自分で作ることもできます．

スキューをゼロにするためには二つの方法があります．一つはオシロスコープの入力メニューにスキュー調整機能があればそれを使います．ただし基本計測器クラスのオシロスコープでは搭載されていない場合が多いようです．

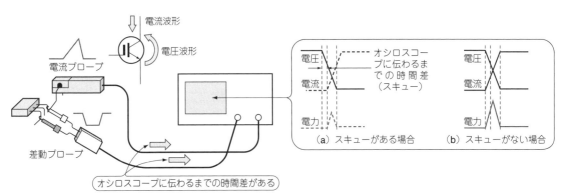

図11.19　電流プローブと差動プローブを併用すると，オシロスコープに波形が伝わるまでに時間差があり，電力を測定する際に誤差が生ずる

　もう一つは外部パソコンによる演算です．スキュー値がわかっていれば，その分，データを時間方向に動かしてやります．ただしスキュー値がサンプル間隔の整数倍になるケースはまれですから，補間する必要が出てきます．

11.8　電源の高調波電流の測定

　電源の品質に切っても切れない関係にあるのが高調波電流です．負荷が電球などの純粋な抵抗負荷であれば，50/60 Hz の電圧波形と流れる電流波形は相似関係になります．ところが単純な全波整流回路であっても，平滑用コンデンサに流れる受放電電流は電圧波形のピーク周辺に限られます．また屋内配線のインピーダンスのため，電圧波形は図11.20のように，ピーク部分がつぶれた形になります．

　実際の電流波形を図11.21に示します．これはスイッチング電源ではない，従来型の単純なトランス式の全波整流回路を使ったオーディオ・アンプのものですが，大変ひずんだものになっています．

　ひずんだ電流波形は多くの高調波成分を含みます．この電流が悪さをして，受電設備の力率改善装置を加熱させ，最悪の場合，火災を引き起こすこともあります．このため機器から流れ出る高調波電流には規制がかかっています．電流波形のFFT解析を行ってみました（図11.22）．

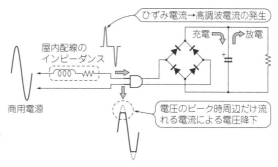

図11.20　電流のひずみが
高調波電流の原因となる

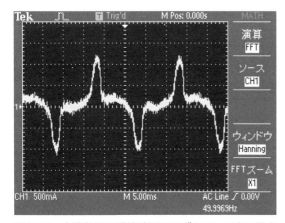

図11.21　全波整流の電流波形はひずんでいて高調波成分を含む（500mA/div，5ms/div）

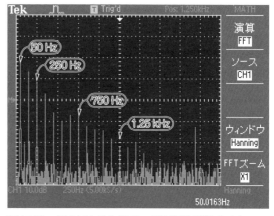

図11.22　図11.21で生じている高調波電流をオシロスコープで簡易的にFFT解析した結果（250Hz/div）
50Hz以外に多くの高調波成分が見られる

スイッチング回路の電流波形測定の難しさ

　電流波形の検出にはクランプ式電流プローブを使うことが多いですが，物理的な寸法がネックになりがちです．小型の電流プローブとしてロゴスキー・コイルがありますが，高速化するスイッチング・デバイスには周波数帯域が不足します．

　光絶縁プローブとシャント抵抗を使うことで任意のポイントの電流波形を検出できます（図11.A）．ただしシャント抵抗の寄生インダクタンスには注意が必要です．

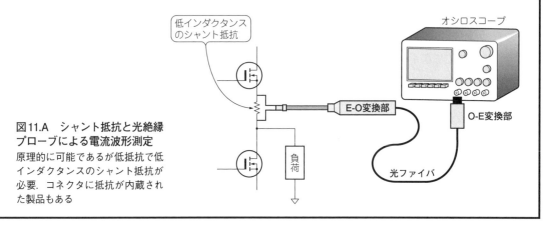

図11.A　シャント抵抗と光絶縁プローブによる電流波形測定
原理的に可能であるが低抵抗で低インダクタンスのシャント抵抗が必要．コネクタに抵抗が内蔵された製品もある

　50Hzの基本波成分以外に多くの高調波成分が見られます．高調波電流を正確に測定するためには，ひずみのない電源装置，屋内配線に相当する決められたインピーダンスを持った疑似回路網，そしてFFTを使った専用の高調波アナライザが必要になりますが，確認程度であればオシロスコープのFFT機能で行えます．

第12章
定番シリアルI²C・SPI解析

12.1 定番シリアル・バスI²CとSPIの基礎知識

パソコンには，さまざまなアプリケーション・ソフトウェアが用意されており，目的に合った動作が行えるようになっています．

しかし，世の中の大多数を占めるパソコン以外の機器は，ある決まったソフトウェアで動作しています．例えば，テレビ，洗濯機，冷蔵庫などの電器製品，また大きなものでは自動車も内部にはマイコンを内蔵しており，独自のファームウェアで動作しています．このような機器を，組み込み機器と呼ぶことがあります．

そして，機器内部のデバイスの制御には，比較的低速なシリアル・バスがよく使われています．

I²CやSPIという名前を耳にされた方も多いでしょう．これらは代表的なシリアル・バスです．またカー・エレクトロニクスではCAN（Controller Area Network）やLIN（Local Interconnect Network）が世界標準として使われています．

機器の動作を確認するためには，これらシリアル・バスのデータを解析する必要が出てきます．

一方，HDMI（High-Definition Multimedia Interface）のように音声や動画信号を扱うには，時間当たりの情報量がけた違いに多いため，シリアル・バスで伝送するためにはギガ・ビット・クラスの高速バスが必要になります．波形観測にはNRZ（Non Return to Zero）の場合，最低でもデータ・レートの2.5倍以上（クロック周波数の5倍）の周波数帯域が必要になります．

ここでは制御が目的のシリアル・バスを扱います．I²CやSPIなら今までのオシロスコープで十分に対応できるスピードです．

チップ間のデータやコマンドの伝送に使われるI²CとSPIの特徴について簡単にお話しましょう．

12.1.1 I²Cの概要

I²CとはInter Integrated Circuitの略です．テレビのコントローラと周辺機器を接続するための低価格な方法として，フィリップス（現NXPセミコンダクターズ）により開発されました．現在では，組み込みシステムのデバイス間の通信における標準規格として広く使われています．

バスの構造は単純な2線式で，双方向のシリアル・クロック（SCL）とデータ（SDA）から構成されます．実質的に20から30個のデバイスを接続することができます．伝送レートは100kbps（標準モード），400kbps（ファスト・モード），3.4Mbps（高速モード）と物理層から見れば低速であるため，反射の影

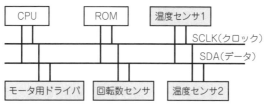

図12.1 I²Cの使用例

スタート (1ビット)	アドレス (7ビット)	R/W (1ビット)	Ack (1ビット)	データ0 (8ビット)	Ack (1ビット)	データ1 (8ビット)	Ack (1ビット)	…	データN (8ビット)	Ack (1ビット)	ストップ (1ビット)

図12.2 I²Cのデータ・フォーマット

響を考える必要はあまりありません.

I²Cはクロックとデータからなる2線式のバスで，**図12.1**のような構成になります．データは**図12.2**の形で送られます.

12.1.2 SPIの概要

SPIはSerial Peripheral Interfaceの略です．1980年代後半にモトローラ（現フリースケール・セミコンダクタ）によって，主にマイコンと直接に接続される周辺デバイス間の通信を目的として開発されました．

図12.3にSPIの構成を示します．バスの構造は構成により最高4線のマスタ／スレーブ方式のシリアル通信バスです．常に一方が「マスタ」に，もう一方が「スレーブ」になります．マスタがスレーブにシリアル・クロックを供給し，SS（スレーブ・セレクト）ラインにより送受信されるデバイス・データを指定します.

配線はやや複雑ですが動作は簡単です．最高データ・レートは10Mbpsで，主に携帯機器や，マイコン，キーボード，ディスプレイ，メモリ・チップ間の通信で使用されます.

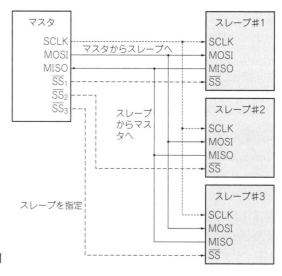

図12.3 SPIの構成例

12.2　I²C バスの解析

12.2.1　解析とレコード長の制限

I²Cは単純な2線式でクロックが独立しているため，受信側でデータからクロックの再生を行う必要はありません．そのため '0' や '1' が続いても，CANのスタッフ・ビットのように，強制的にビットを反転させるようなことを行っていないので，比較的簡単にデータを解析することができます．

最近の中級クラスのオシロスコープになると，ロング・レコードの波形メモリとシリアル・バスのデコード機能が用意されており，簡単に解析できるようになりました．

基本計測器クラスのオシロスコープでも多少の努力をすれば解析することができます．ただし，どうしても制限はあります．

例えばレコード長の制限です．

1クロック分を10ポイントのサンプリングで取り込んだとして，オシロスコープのレコード長が2000ポイントだったとすると，取り込まれるのは200クロック分です．レコード長は長いに越したことはありませんが，これだけあれば一応の解析は可能です．

12.2.2　実際の波形

では，実際にオシロスコープでI²Cの信号を取り込んで解析してみましょう．

図12.4 (a) は1パケットを示します．上の波形がクロック，下の波形がデータです．SOP（Start Of Packet）の次に四つのデータ列があり，最後にEOP（End Of Packet）があります．

ではそれぞれのデータ列を拡大してみましょう．図12.4 (b) は，#1です．I²Cではクロックの立ち上がりでデータを読み込みます．「アドレス18にデータを書き込み」と解析できます．

図12.4 (c) では，#2でデータ30Hが読み取れます．図12.4 (d) では，#3でデータ11Hが読み取れます．次の図12.4 (e) の#4も同じく11Hです．最後が図12.4 (f) のEOP（End Of Packet）です．

このようにデータを解析することはできます．

12.3　意外と難しいシリアル・バス信号のトリガのかけ方

12.3.1　連動する波形をトリガ・ソースにする

トリガにも制限があります．'0', '1' のパルス列が相手ですから簡単にトリガはかからないのです．

I²CやSPI専用のトリガ機能がオシロスコープに入っていればアドレスやデータでトリガがかけられるので問題なしですが，この機能は基本計測器クラスのオシロスコープではコスト的に厳しいでしょう．

そこで二つ方法が考えられます．

一つ目はI²Cの信号で直接トリガをかけるのはあきらめて，何らかの関連するアクションでトリガをかけることです．

何か予想と異なる動作が起こったのであれば，まずはそれをトリガにして，シングル・トリガをかけてI²Cバスの信号をつかまえます．

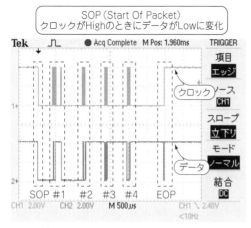

SOP (Start Of Packet)
クロックがHighのときにデータがLowに変化

（a）I²Cの信号波形例（2 V/div，500 μs/div）

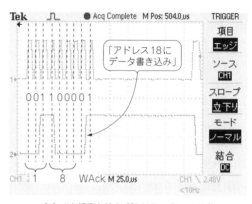

（b）#1部分を拡大（2 V/div，5 μs/div）

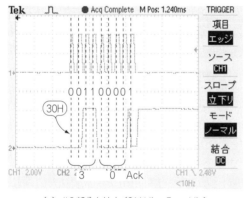

（c）#2部分を拡大（2 V/div，5 μs/div）

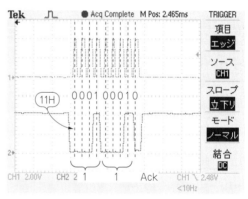

（d）#3部分を拡大（2 V/div，5 μs/div）

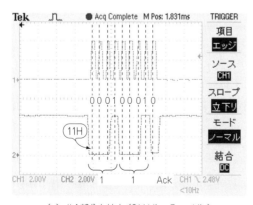

（e）#4部分を拡大（2 V/div，5 μs/div）

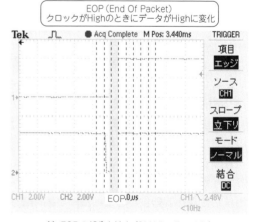

EOP (End Of Packet)
クロックがHighのときにデータがHighに変化

（f）EOPの部分を拡大（2 V/div，5 μs/div）

図12.4　オシロスコープでI²Cの信号を取り込んで解析しているようす

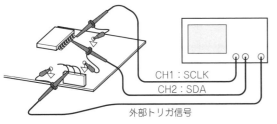

図12.5　関連する信号を外部トリガとして使う

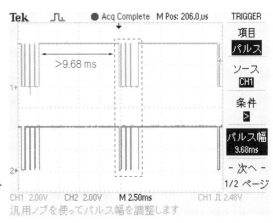

図12.7　ブランク時間が分かればトリガとして使える（2V/div，2.5ms/div）

図12.6　信号が来ない時間が分かればパルス幅トリガが使える

　オシロスコープが2チャネルの場合には，図12.5のように外部トリガを使います．情報量が多い場合には，ディレイを併用して繰り返し取り込み位置をずらしながら波形を取り込みましょう．

12.3.2　パルス幅でトリガをかける

　もう一つの方法がパルス幅トリガの利用です．

　最近は，基本計測器クラスのオシロスコープでもパルス幅トリガを持つ製品が出てきました．図12.6のようにパルス幅トリガを使えば，任意の設定値を超える，または未満の幅のパルスを待ち受けてトリガをかけることができます．

　I²Cの信号はまさにブランク期間を持つパルス列ですから，パケットがない期間がHighというバスの場合なら，その期間を「適当な長さの正のパルス幅のパルス」と考えればこれをトリガとして波形を取り込むことができます．トリガ・モードはシングルにしましょう．

　あとは，データの取りこぼしがない程度にサンプル・レートを下げておけば，その分長い時間の波形を取り込めます．図12.7は，パルス幅トリガによりI²Cにトリガをかけた例です．

12.4　最近のオシロの解析機能あれこれ

12.4.1　ロング・レコード＆シリアル・バス解析の活用

　このように工夫によってシリアル・バスを解析することはできますが，最近の長い波形メモリと，シリアル・バスのトリガ＆デコード機能を備えたオシロスコープでは，簡単にバスをモニタしながら他のアナログ波形を観測することが可能になりました．

　図12.8はチャネル1でI²Cのシリアル・クロックをチャネル2でシリアル・データをそれぞれ取り込

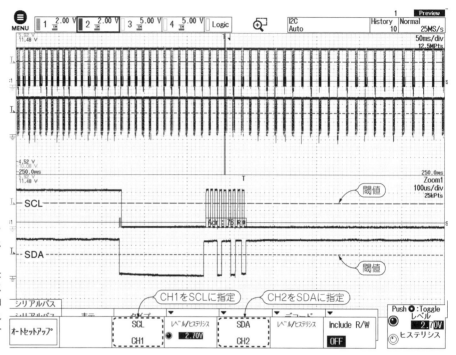

図12.8 I²Cのクロックとデータをチャネルに割り振る

ロジック入力を備えた製品(MSO：ミックスド・シグナル／オシロスコープ)の場合はそれに割り振ることでアナログ入力を温存できる

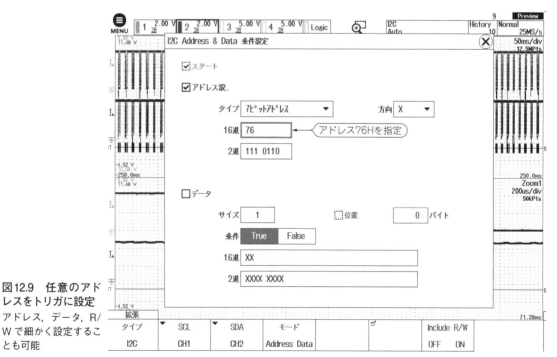

図12.9 任意のアドレスをトリガに設定

アドレス，データ，R/Wで細かく設定することも可能

んだ例です．それぞれの信号には個別に閾値を設定します．

図12.9でトリガとしてアドレス76Hを設定します．データを設定することも可能です．

172

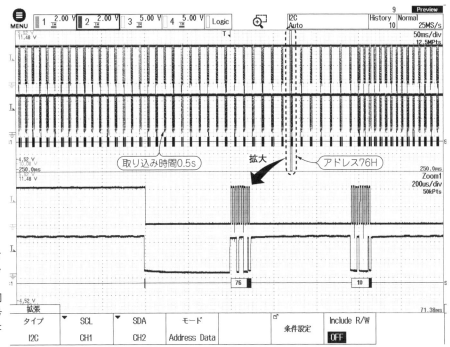

図12.10 I²C信号を取り込みデコードした例
サンプル・レートは同時に取り込む I²C信号以外の信号に対応した設定にすることに注意

図12.10はアドレス76Hを中心に0.5秒間データを取り込んだ例です．波形データの下にデコードされた結果が表示できます．

12.4.2 アクティブ・フィルタの活用

センサからの信号等，ノイズにまみれた信号からノイズを減らす方法としてアベレージはよく知られています．アベレージはランダム・ノイズには効果的で，トリガをミスしない限り，確実にノイズを低減できます．

しかしアベレージは繰り返し信号しか対応できず，周期性のない信号には対応できません．高周波ノイズの低減にはローパス・フィルタが有効ですが，通常，帯域制限は200MHz程度と20MHzに限定されます．

そこで信号に応じてカットオフ周波数やフィルタ特性を自由に設定できるディジタル・フィルタを搭載した製品が市販されています．図12.11では128ポイントの移動平均の効果がよくわかります．

12.4.3 イベント・トリガでピン・ポイント取り込み

リアルタイムで信号が伝わるアナログ信号では，トリガ・ポイントから遅れた部分を取り込むには時間遅延で可能ですが，パルスの数が支配するロジック信号では上手く機能しません．そこでパルスを数えて遅延取り込みを行うイベント遅延が有効です．

図12.12のように基準となるスタート・パルスを検出した後に，ほかのパルスの数を別のトリガ機能を使ってカウントします．指定数のカウントを検出したポイントをトリガとして波形を取り込みます．

173

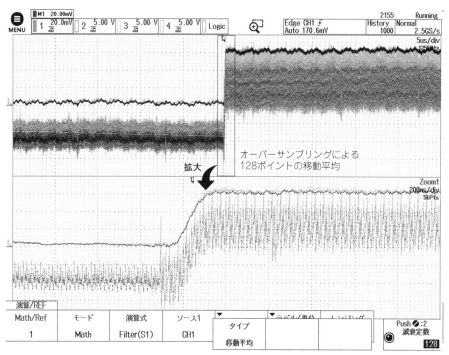

図12.11 ディジタル・フィルタ（移動平均）によるノイズ低減の効果
移動平均以外にも FIR, IIR フィルタを装備した製品もある

オーバーサンプリングによる
128ポイントの移動平均

拡大

演算/REF				
Math/Ref	モード	演算式	ソース1	
1	Math	Filter(S1)	CH1	

タイプ		
移動平均		

Push ⬤:2
減衰定数
128

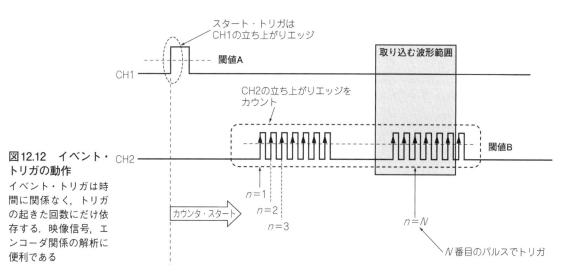

図12.12 イベント・トリガの動作
イベント・トリガは時間に関係なく，トリガの起きた回数にだけ依存する．映像信号，エンコーダ関係の解析に便利である

スタート・トリガは
CH1の立ち上がりエッジ

閾値A

取り込む波形範囲

CH2の立ち上がりエッジを
カウント

閾値B

$n=1$
$n=2$
$n=3$

カウンタ・スタート

$n=N$

N番目のパルスでトリガ

図12.13はイベント遅延の取り込み例です．

12.4.4 スイッチング回路の動作解析

　スイッチング回路の効率改善のためには「スイッチング遷移期間の損失」「導通期間の損失」を分けて測定します．

　スイッチング波形は複雑な形状のため，通常の波形パラメータ計測機能では対応できません．メーカ

174

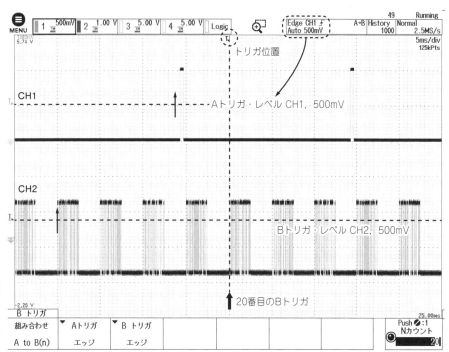

図12.13　イベント遅延のトリガ例
時間軸を速くすればトリガ・ポイント周辺を拡大して取り込める

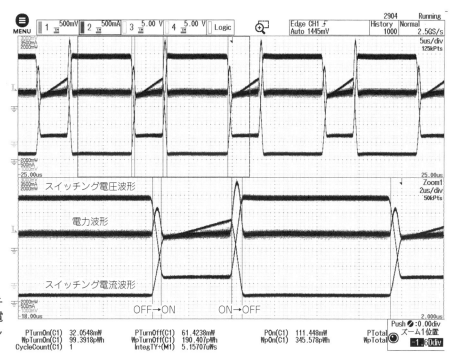

図12.14　スイッチング区間に分けて電力損失を自動測定した例

からはパワー解析オプションの形でソリューションが提供されています．**図12.14**はスイッチング区間に分けて電力損失を自動測定した例です．

第13章
高速シリアル信号の測定テクニック

　最近では高速シリアル・バスの登場により，数GHz，場合によっては10GHz以上の周波数帯域がオシロスコープに求められるようになりました．

　基本計測クラスのオシロスコープの使いこなしを解説してきましたが，本章では，高速信号の測定にあたり注意しなければならないポイント，機器の接続方法，そしてオシロスコープの性能表の見方などをお話しします．

13.1　高速シリアルがどんどん増えている背景

13.1.1　伝送量の増加にともないバスの基板占有面積が増加

　ディジタル・データの処理はパラレルで行われてきました．そのため8ビットのデータであれば8本のバス，16ビットのデータであれば16本のバスでデータを送るパラレル・バスという手法が長い間使われていました．

　単位時間に送れるデータ総量（伝送帯域幅ともいう）は，「ビット速度×バスの数」です．処理するデータの容量は増え，技術の進化により速度も速くなり，バス幅はどんどん広くなりました．

　いわば高速道路のようにスピードを上げ，車線の数をどんどん増やして，交通量の増加に対応したようなものです．バスの幅が広くなるにつれ，次第にボードを占めるバスの面積が無視できなくなりました．ボード間を接続するケーブルの幅も広くなります．ケーブルは邪魔者になり，冷却のための空気の流れを阻害することにもなりかねません．

　また速度の点でも各ビットのエッジ・タイミングをきちんと合わせるためには，各ビットの配線長を等長にしなければなりませんが，限られたボード面積では限界があります．

13.1.2　特性面や機器間の接続にも問題発生

　高速化にともない，インピーダンスの不整合による波形の乱れも問題になってきました．

　機器の接続でも問題があります．ディジタル家電の世界で考えてみましょう．以前は同軸ケーブル1本でコンポジット・ビデオ信号を送れましたが，ディジタルになるとRGB 3色，それぞれが8ビット，合計で24本のケーブルが必要になります．このような太いケーブルでDVDプレーヤとテレビやプロジェクタを接続することは現実的ではありません．

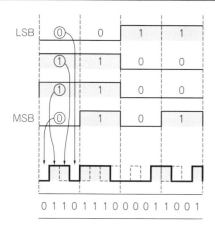

図13.1 パラレル信号からシリアル信号
への変換のイメージ

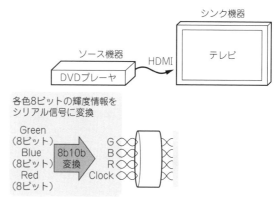

図13.2 HDMIではRGB各色がシリアル化される

13.1.3 シリアル・データへの変換でバス幅は小さくできる

これらの状況に対応するために考案された手法がパラレル・データからシリアル・データへの変換です.

8ビットのパラレル・データでは八つのデータが同時に存在します. シリアル・データでは決められたルールによりパラレル・データを一つずつ順番に伝送します. 例えば図13.1のように, MSBから順番にLSBへというように並べ替えて伝送します.

単純に並び替えるだけなら '0' や '1' だけが続いてしまう場合があります. 独立したクロック・ラインを持たない場合は受信部がデータよりクロックを作り出すことになりますが, 安定したクロック再生を行う必要があります.

そのためよく使われる手法が8b/10bという変換手法です. エラーの検出, 訂正, DCレベルの安定化などを考慮して8ビット・パラレル信号を10倍のデータ・レートの10ビット・シリアル・データ変換するものです.

13.1.4 ただし高速なのでアナログ信号として扱う必要あり

シリアル化はバス幅を劇的に少なくできますが, 代わりに非常に高速になります. このためディジタル信号であってもアナログとして扱わなければなりません.

ディジタル家電製品であるテレビ, DVDなどにほぼ標準で装備されているHDMI (High Definition Multimedia Interface) は高速シリアル・バスの一つです. 図13.2のように, HDMIはシリアル化されたGBRの各色8ビット (またはそれ以上) の情報を持ち, 別のクロック・ラインとともに4組の差動ラインで伝送します.

13.2 高速シリアル差動ラインと測定

USBやEthernetなどの高速シリアル・ラインは図13.3のように差動で構成されています. 差動ラインでは, 逆位相の信号は受信部で減算され振幅は2倍になります. また外部から伝送路に飛び込むノイ

ズは同相のため，減算でキャンセルされます．ノイズにはほかに送信部から流れ込むノイズ，電源ラインのノイズもあります．

図13.4はプラス／マイナスそれぞれの信号レベルが0～400mVで変化する例です．次のようになります．

- 信号振幅　　400mV
- 直流成分　　200mV
- 受信部出力　±400mV

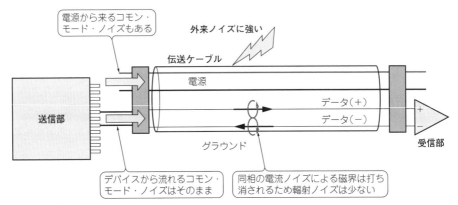

図13.3　高速差動ラインのノイズ
差動ラインは外来ノイズには強いが送信から来るコモン・モード・ノイズ，電源ラインから来るノイズは別に評価する必要がある

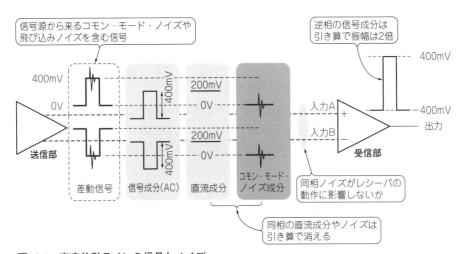

図13.4　高速差動ラインの信号とノイズ
電源から来るコモン・モード・ノイズが誤動作の原因のなることがある

13.2.1　差動信号を評価するためのプロービング

差動ラインの波形観測では差動プローブ（**図13.5**）を使います．プローブ1本で差動波形が観測でき，またプローブ自体が外来ノイズに強い特徴があります．

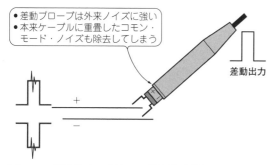

図13.5　差動ラインを流れる信号を直接観測できる差動プローブ
差動プローブは外来ノイズの影響を受け難いが，信号に本来含まれる同相ノイズも相殺してしまう

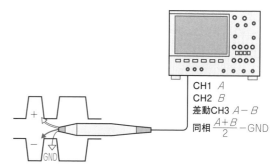

図13.7　1本ですべての測定をこなす差動プローブ
プローブのモード切り替えで任意の信号を観測できる

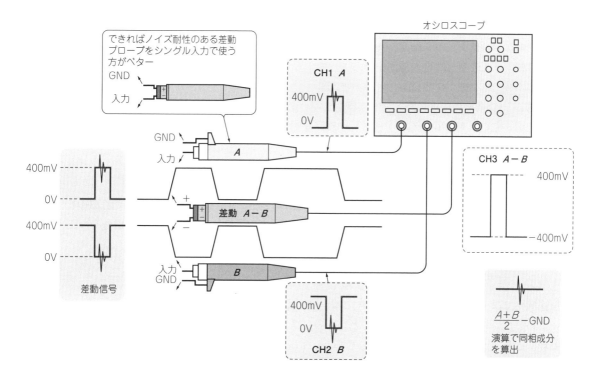

図13.6　差動ラインの詳細を観測する方法
3本のプローブが必要になり物理的寸法の制限から現実的とはいえない

179

しかし，元々差動ラインに乗っているノイズもキャンセルしてしまいます．ノイズを含めた信号の姿を確認することはできません．コモン・モード・ノイズがあっても受信部が理想通りに動作すれば良いのですが，実際には誤動作の原因になりかねません．

そこで正しくは**図13.6**のように3本のプローブを使い，プラス/マイナスそれぞれのグラウンド基準の波形，差動波形を測定します．プラス/マイナスの信号を加算すれば誤動作の一因になる同相ノイズのみを観測できます．グラウンド基準の波形もノイズ耐性のある差動プローブが有利です．

この測定は大掛かりになるため，今日ではプラス/マイナス，グラウンドの3入力を持ち，動作モードを切り替え，

- プラスのみ
- マイナスのみ
- 差動
- 同相

を表示できる**図13.7**のようなプローブが市販されています．

13.3　特に高速では電気信号を「波」として考える

13.3.1　インピーダンスの不整合により反射波が生成される

周波数が低い回路は信号のエッジ・スピードが低い場合が多く，信号の速度に気を使うことはあまりないのですが，動作スピードが速くなってくると，伝送線路の考えを導入する必要があります．

池に石を投げ入れると波は水面を伝わっていき，岸で反射が起こります．電気でも同じことが起こります．

図13.8に50Ω系での伝送線路と反射の概念を示します．**図13.8**（a）のように信号源，伝送路，終端（負荷）抵抗，すべてのインピーダンスが等しければ反射は起こりません．しかし，**図13.8**（b）（c）のように不整合があると，進行波は反射してしまいます．

一般的に計測器では50Ω，差動の伝送線路では100Ω，ビデオ機器では75Ωというインピーダンスが使われます．

普段パルス・ジェネレータを使うときに，50Ωの同軸ケーブルと，場合によっては50Ωの終端抵抗が入ったコネクタを使っていると思いますが，実は**図13.9**のように伝送線路として信号を伝送していたのです．

13.3.2　伝送線路が反射を起こすようす

伝送線路では，送信部（トランスミッタ），伝送路，受信部（レシーバ）すべてのインピーダンスが揃っていないと反射を起こします．この反射というのは「信号が波として伝わっていく」という考え方をすると理解しやすいと思います．

反射のようすは周波数帯域が低いオシロスコープでも**図13.10**のように同軸ケーブルを接続して実験できます．終端抵抗を50Ω中心に変化，開放，短絡させてようすを見てみることをお勧めします．

もし伝送線路の終端がグラウンドに落ちていたらどうなるでしょうか．直流的には一切信号は出なく

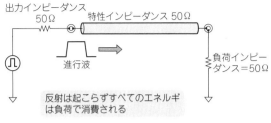

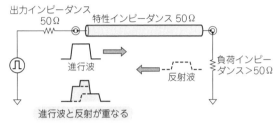

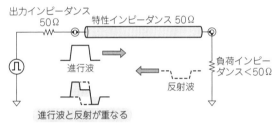

図13.8　インピーダンスの整合がとれている場合は反射が起こらない

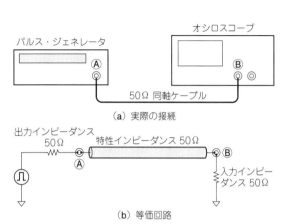

図13.9　パルス・ジェネレータは通常，出力インピーダンス50 Ωの信号源の信号を50 Ωのケーブルで伝送し負荷インピーダンス50 Ωで終端して使っている

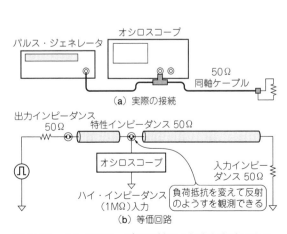

図13.10　オシロスコープで反射のようすを実験できる

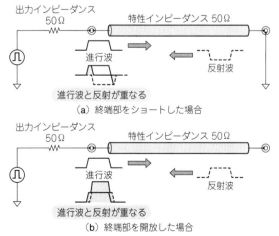

図13.11　終端をショート/開放した場合の反射のようす

181

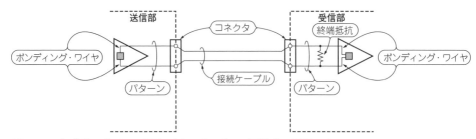

図13.12　伝送路のすべての要素がインピーダンス不整合の原因になる

なります．しかし，信号を波として考えると**図13.11**(a)のようになります．また，開放されていた場合は**図13.11**(b)のようになります．

　実はこれはTDR（Time Domain Reflectometry）という一種のインピーダンス・アナライザの原理そのものなのです．TDRは距離（つまり時間）分解能を上げるために非常に急しゅんなパルサと数十GHzという周波数帯域を実現できるサンプリング・オシロスコープから出来ています．

13.3.3　反射の原因を知る

　高速シリアル信号では，反射による影響を最小にするために，複数の受信部をシリーズ，または星形に接続できません．送信部と受信部を**図13.12**のように1対1で接続します．それでも多くのインピーダンス不整合の要因＝反射の原因が存在します．

　反射が起こると波形が乱れ，誤動作の原因になるばかりではなく，不要輻射が増えてしまいます．

　IC内部は別にすると，問題個所として次のようなことが考えられます．

- ボードの特性インピーダンスのずれ
- 配線パターンのインピーダンスの不均一性，不連続性
- コネクタでのインピーダンス不整合
- 接続ケーブルのインピーダンス
- 終端抵抗のずれ
- スタブによる反射

　部品単体での問題を除くと，ボードのパターンの問題が多いと思います．パターンが伝送路として適切なインピーダンスを持つように設計するだけでは不十分です．角度をつけて伝送路の方向を変えることや伝送路途中のビア，パッドは，インピーダンスの不整合を起こします．

　物理的な形状変化を起こすコネクタはインピーダンス不整合の大きな原因となっています．さらに信号測定用のテスト端子も，信号の速度が速くなるとスタブとして働いてしまうため，反射を起こし，波形を乱してしまいます．

13.3.4　高速信号を「波」と考えなければならない理由

　配線長に対する波長から高速信号を波と考える理由がわかります．

　波長 λ [m] は，信号の周波数を f [MHz] とすると，

$$\lambda = 300/f$$

になります.

周波数が100 MHzなら3 mですが1 GHzになると30 cmです. ここまで波長が短くなると配線の長さの影響が見逃せなくなります. 7.5 cmの配線は短縮率を考慮しないとして波長の1/4に相当します.

13.4 USB測定器AnalogDiscoveryでもOK…反射波の測定

AnalogDiscoveryは，米国のDigilent社とAnalog Devices社が共同開発したポケットに入る大きさの低価格な多機能測定器です.

反射は高速信号で顕著になる現象ですが，条件によってはさほど速くない伝送線路でも確認できます. AnalogDiscovery 2のオシロスコープ部の周波数帯域は30MHz，信号発生部の周波数帯域は12MHzに過ぎないため，高速エッジの発生や観測はできません.

図13.13は反射波を観測する実験です. 伝送遅延時間を長くするために長さ17mの同軸ケーブル1.5D-2V（特性インピーダンス$Z_0 = 50\,\Omega$）を使用し，負荷抵抗値Z_Lを変えて反射波を観測します.

図13.14はAnalogDiscovery 2のオシロスコープとファンクション・ジェネレータ関連の表示画面です. ファンクション・ジェネレータは，進行波と反射波を区別するにはパルス幅ができるだけ狭いほうがよいので，波形のシンメトリを調整します.

● 負荷抵抗が50 Ωの場合

整合が取れているため反射は発生せず，進行波のみが観測されます（図13.14）.

● 終端がオープンの場合

進行波はプラス方向に全反射します. 入力波より約150ns遅れて反射波が確認できます（図13.15）.

● 負荷がショートの場合

進行波はマイナス方向に全反射します. 終端がショートの場合，直流的には何も信号は観測できないはずですが，短時間なら反射パルスを確認できます（図13.16）.

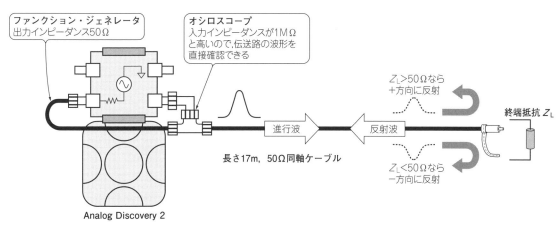

図13.13 反射波を確認する実験
負荷抵抗50 Ωの場合は整合が取れているため反射は発生せず，進行波のみが観測される

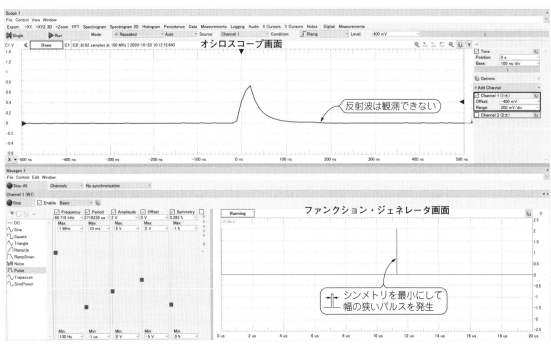

図13.14　負荷抵抗 50 Ωでは反射は起こらない

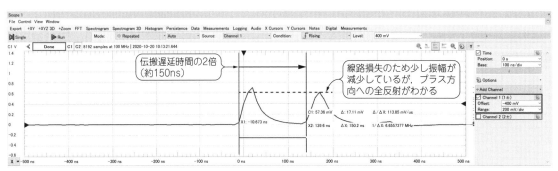

図13.15　負荷がオープンではプラス方向に全反射

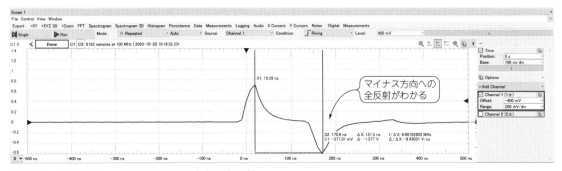

図13.16　負荷がショートではマイナス方向に全反射

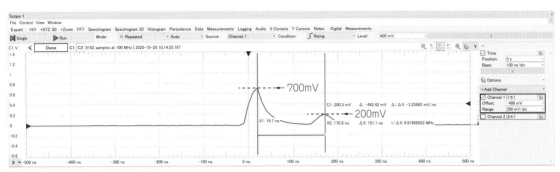

図13.17　負荷抵抗　100Ωの場合

● **終端抵抗が100Ωの場合**

　プラスの反射波が確認できます（**図13.17**）．進行波700mV，反射波200mVから反射係数 ρ は，$\rho =$ 200mV/700mV $= 0.285$ です．以下の関係があり，実験結果から $Z_L = 90\,\Omega$ と求められ，反射波の減衰を考慮すると，ほぼ理論通りの結果が得られます．

$$Z_L = \frac{(1 + \rho)}{(1 - \rho)} Z_0$$

13.5　高速オシロスコープと測定

　HDMIなどのコンプライアンス・テストでは波形の形状，タイミング，伝送インピーダンスなどの物理層の試験がありますが，この試験においてオシロスコープは中心的な役割を持っています．

　そして高帯域オシロスコープは従来からのオシロスコープとは異なった周波数特性で作られています．

13.5.1　オシロスコープと高速オシロスコープの違い

　もともとオシロスコープは「未知の信号」つまりどのような信号かはっきり分からないものを観測する，という使い方も視野に入れて作られています．そのため，周波数応答特性は周波数帯域を超える信号成分が入力されても素直な過渡応答になるガウシアン特性に近い形になっています．

　一方，高速オシロスコープは「ほぼ分かっている信号の波形パラメータやジッタなどを詳しく数値として測定する」ことを目的として作られています．

　従来のオシロスコープの周波数特性はガウシアン特性に近い特性を持っています．周波数帯域の1/4位まではフラットなレスポンスを持ち，周波数帯域の周波数で−3dB，その後はなだらかに落ちて行きます．

　高速ディジタル信号では第5高調波成分までは正確に取り込む必要があります．このため**図13.18**のように，クロックの基本周波数×第5高調波×4倍の周波数帯域という周波数帯域が必要になります．つまりビット・レートの10倍の周波数帯域です．5Gbps（周波数では2.5HGz）の場合，周波数帯域50GHzという，とんでもないオシロスコープが必要になります（サンプリング・オシロスコープでは実現されている）．

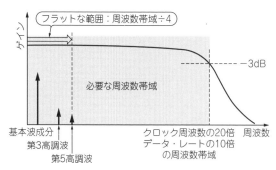

図13.18　ガウシアン特性ではクロック周波数の20倍の帯域が必要

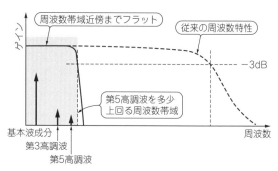

図13.19　高速オシロスコープは第5高調波までを正確に取り込める周波数帯域まで平たんな特性を持つ

13.5.2　高速オシロスコープの周波数特性

　立ち上がり時間という観点から考察してみましょう．例えば63 psの立ち上がり時間t_rを測定する場合，その4倍以上速い，つまり16 ps以下の立ち上がり時間のオシロスコープが必要です．これは周波数帯域にして，

$$f = 350/t_r = 20\,\mathrm{GHz}$$
ただし，t_r：パルスの立ち上がり時間

のオシロスコープが必要になります．

　一方，高速オシロスコープでは**図13.19**に示すような第5高調波の周波数帯域ぎりぎりまでフラットなレスポンスを保ち，周波数帯域を越えてからは急峻に減衰する（Brick Wall型に近い）周波数特性が採用されています．

　この手法の根拠となるのが，ニー周波数（Knee Frequency）というものです．ニー周波数f_kは，

$$f_k = 0.5/t_r（ただし，t_r：10\%〜90\%）$$

で定義されます．高速パルスのほとんどのエネルギはニー周波数以下になる，というものです．

　この定義によると，最近の高速オシロスコープの主流である8 GHzの周波数帯域があれば63 psの立ち上がり時間のパルスであっても正確に立ち上がり時間を測定できることになります．

　周波数応答特性ができるだけ平たんになるようにDSP（Digital Signal Processor）により波形処理が行われます．そして周波数帯域以上は急峻に減衰するような周波数特性にすることで，帯域を超えるノイズ成分を大幅に減らし，表示ノイズを減らせます．これにより，チャネル間や異なる製品間での周波数特性のばらつきも抑えられます．これは波形によるコンプライアンス・テストを行うにも大変好都合です．

　ただしBrick Wallのような急峻な特性を持つオシロスコープの場合には，周波数帯域を超える周波数成分は入力されないという条件があります．もし，入力された場合には，**図13.20**のようにオーバシュート，アンダシュート（リンギング）が発生します．

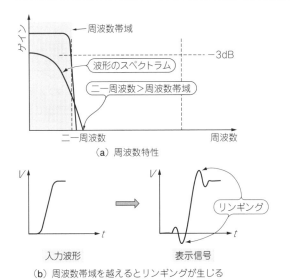

（a）周波数特性

（b）周波数帯域を越えるとリンギングが生じる

図13.20　周波数帯域を超える周波数成分があるとリンギングを生じてしまう

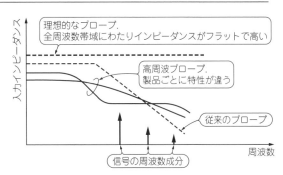

図13.21　理想的なプローブは広い周波数範囲で高い入力インピーダンスを保つ
高速プローブは周波数によって入力インピーダンスが複雑に変化する

13.6　高速プローブを扱うときのポイント

　GHzオーダの領域になるとプロービングにも十分な配慮が必要です．むしろ理想とはかなり隔たった妥協の産物であると思った方がよいかもしれません．

　理想的なプローブは**図13.21**に示すように広い周波数範囲にわたって高い入力インピーダンスを保っています．つまり広い周波数範囲にわたり小さい負荷となります．

　今までのプローブはパッシブ・プローブにしても，アクティブ・プローブにしてもほぼ入力抵抗と入力容量の並列回路として扱うことができました．

　ところが，高帯域オシロスコープ用のプローブでは，入力インピーダンスが複雑に変化するものが増えてきました．メーカから公表されている，周波数vs入力インピーダンスの実測データを見ながら，自分が扱う信号の基本波成分，高調波成分にどのような影響を与えるのか着目する必要があるでしょう．

13.6.1　プローブのアクセサリで大幅に特性が変化する

　プローブは本体だけで使われることはあまりありません．先端部分に被測定回路とのインターフェースになるリード・セットを取り付けますが，これによる信号品質の劣化には十分な注意が必要です．プローブのマニュアルには各アクセサリの代表的な特性が記載されていますが，できるだけ寸法の小さなものを使いましょう．

　最新の高級オシロスコープではアクセサリによる劣化を最小にするため，波形の補正をかけることもできますが，始めから劣化を少なくすることが大事なのは言うまでもありません．

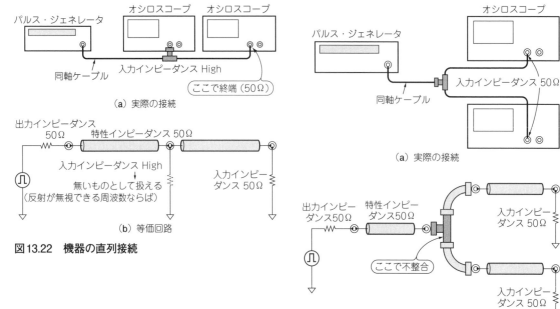

（a）実際の接続

（b）等価回路

図13.22　機器の直列接続

（a）実際の接続

（b）等価回路

図13.23　Tコネクタによる信号の2分割では不整合が起こる

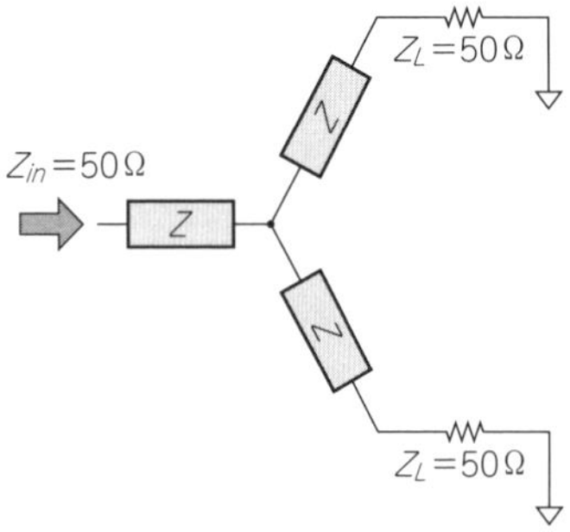

図13.24　パワー・ディバイダを使えばインピーダンスの不整合がなく二つに分配した信号間で時間のずれもない

13.6.2　高速信号用の測定機器を接続する方法

　計測器同士を接続する，例えば信号発生器の出力を複数の機器に分配して送りたい場合には二つの接続方法が考えられます．

● 機器を直列に並べて接続する

　図13.22のように途中の機器の入力インピーダンスを高いまま，Tコネクタは直接入力コネクタに接続します．これはケーブルから機器へのスタブに相当する部分を最短にするためです．信号は遠端の機器で行います．この方法は数十MHz程度までであれば，比較的波形への悪影響も少なく信号を分配できます．ただし，遅延時間には注意しなければなりません．

　同軸ケーブルの場合，1m当たり約5nsの遅延時間を見込んでください．

雑に巻くと断線が怖い…プローブの正しいしまい方

　測定が終わった後，プローブを片付けます．皆さんはどのようにしていますか．プローブは断線しやすいので，手でクルクルと巻いている方は多いのではないでしょうか．

　実はこの巻き方，あまりプローブにとって優しくない，悪い巻き方なのです．次に使うときにプローブの両端を持って広げると，途中でキンクと呼ばれる「捩れ」が生じてしまいます．洗車用のホースを巻くときにきれいに巻いても解くときによじれます，あれです．

　プローブ・ケーブルは同軸ケーブルですが，芯線は髪の毛よりも細い線でできています．何回もねじれを与えるとやがて金属疲労で断線してしまいます．

　解決方法は簡単です．図13.A のように一巻き毎に補正ボックスの左右に分けて交互に巻いていきます．

> ① 一巻き目は右でも左でもどちらでも OK
> ② 二巻き目以降は左右を交互に

これだけです．次に使うときにはすっと解けます．

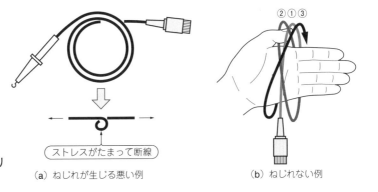

図13.A　プローブはねじり切らないように優しく巻く

（a）ねじれが生じる悪い例　　ストレスがたまって断線

②①③　（b）ねじれない例

● 時間のずれなく信号を二つに分配する

　遅延時間差をなくして信号を二つに分配したい場合はどうすればよいでしょうか．図13.23の方法でよいでしょうか．この手法では，高周波領域では反射により波形がひずんでしまいます．

　インピーダンスの不整合がなく，信号を二つに分配する手法が図13.24のパワー・ディバイダです．

　パワー・ディバイダは三つの出力コネクタを持っており，任意の二つのコネクタを50Ωで終端した場合，残りのコネクタから見たインピーダンスも50Ωになるように作られています．内部には抵抗Zが入っており，

$$50 = Z + 1/2\,(Z + 50)$$

の関係が成り立ちます．これから，

$$Z = 16.7\,\Omega$$

189

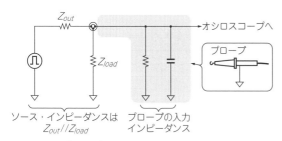

図13.25 プローブが負荷になりロー・パス・フィルタを形成して周波帯域が変わる

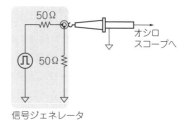

図13.26 周波数帯域の測定条件

になります．信号源の出力インピーダンスも 50 Ω ですから，信号源，負荷どの方向から見ても 50 Ω になり不整合は起きません．この手法は直流から高周波（GHz オーダ）までの信号を分配できます．

インピーダンスの不整合がないので信号の品質を高く保つことができ，二つに分配した信号間での時間的なずれもありません．ただし，信号レベルが低下すること，パワー・ディバイダが高価であるという欠点があります．

13.7　プローブの周波数帯域の現実

これまで，周波数帯域という言葉をずいぶん使ってきました．

定義は「レスポンスが –3 dB 低下した周波数」です．ところがこの周波数は使用状況で変わってしまいます．図13.25のように，信号源には必ず出力インピーダンスがあるからです．出力インピーダンスと負荷の容量で時定数を持ってしまうため，条件を決めておかないと周波数帯域を決められません．

13.7.1　一般的な周波数帯域の測定方法

周波数帯域の測定には，図13.26のように 50 Ω で終端された，出力インピーダンス 50 Ω の信号ジェネレータを使います．プローブ側から見るとソース・インピーダンスは 25 Ω です（電圧源の内部インピーダンス = 0 Ω）．

プローブだけでなくオシロスコープの周波数帯域も同じ方法で決められます．

標準で添付される 10：1 のパッシブ・プローブは，500 MHz の周波数帯域のプローブといっても，被測定信号のインピーダンスにより変化します．多くの場合は実際の周波数帯域は低下していると考える方が妥当だと思います．

13.7.2　アクティブ・プローブとの使い分け

入力インピーダンスは 10 M Ω でも並列に 10 pF 前後の容量があります．この入力容量が回路の負荷となって動作に影響を与えるだけでなく，測定系の周波数帯域の低下も引き起こします．経験的にはクロック周波数が 10 MHz を越えてくるとプローブのグラウンド線の取り方を含めてプローブの影響を考えた方がよいでしょう．20 M〜30 MHz になればアクティブ・プローブの出番ではないかと著者は考えます．

Appendix E
単体オシロとUSB測定器の使い分け

　数万円以下で購入できるUSB接続で使用するPCベースの多機能なオール・イン・ワン計測器が市販されています．オシロスコープ，信号発生器，ロジック・アナライザ，ロジック出力，DC電源などを内蔵した便利なツールですが，オシロスコープとしての性能や機能は単体のオシロスコープと比べてどのような違いがあるのでしょうか．

　単体オシロスコープとオール・イン・ワン計測器の特徴を**表E.1**に示します．

　単体のオシロスコープの表示は液晶パネルを使用していますが，筐体サイズの関係から液晶サイズに制限があります．そのため表示する波形数が増えると見難くなる傾向があります．また，従来よりも薄型になったとはいえ，ベンチに置くとサイズ的に必ずしも邪魔にならないわけではありません．

　一方のオール・イン・ワン計測器はパソコンを使いながらの作業であれば気になるサイズではありません．使い勝手については好みのわかれるところで，従来からのつまみとスイッチが好きな方と，マウスやタッチパネルに慣れている方で異なります．

●計測器は測定目的に十分配慮した性能を

　性能的には単体オシロスコープに軍配が上がります．オシロスコープの三大性能は次の3項目です．いずれの項目も単体オシロスコープがオール・イン・ワン計測器を凌いでいます．

（1）周波数帯域

　パルスを観測する機会が増えた現在では，周波数帯域によって決まる立ち上がり応答時間が大切です．

　オール・イン・ワン計測器の周波数帯域20MHzでは立ち上がり時間は17.5nsであり，鈍ることなく観測できる信号の立ち上がり時間は約70nsまでです．多くのロジック回路の測定では不足かもしれま

表E.1　単体オシロスコープとオール・イン・ワン計測器の違い

項目	単体オシロスコープ	オール・イン・ワン計測器
サイズや外観	・視認性を上げるために画面サイズを大きくすると大型になる ・波形が多くなると見難い	・パソコンと同時に使用する場合は非常に小型 ・外部ディスプレイも使用できる
使い勝手	・ボタン&つまみ ・タッチ・パネル	・メニュー&マウスのスクロール
チャネル数	2ch，4ch	ほとんどが2ch
周波数帯域	100MHzや200MHz	20M〜30MHz程度
最高サンプル・レート	1GS/s程度と高速	100MS/s程度
電圧分解能	8〜12ビット	14ビットが多い
レコード長	長い	短い
トリガ機能	豊富	エッジ・トリガ＋パルス幅が多い
ロジック入力や信号発生器	あり，またはオプションで可能．一部は非搭載	・搭載した機器が多い ・オシロスコープ機能と組み合わせて多機能化が可能

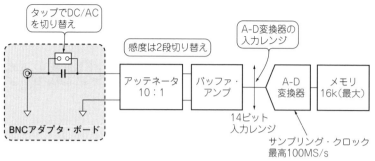

図E.1　100MS/s，14ビットのA-D変換器を使用しているオール・イン・ワン計測器の構造例

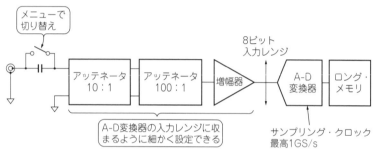

図E.2　多くのオシロスコープの構造

せん.

(2) 最高サンプル・レート

　周波数帯域にあわせてオール・イン・ワン計測器では最高サンプル・レートも低くなります.

(3) レコード長

　単体オシロスコープがメガ・オーダ，USBオール・イン・ワン計測器はキロ・オーダの製品が多く1000倍の違いがあります. I²Cなどバス解析ではロング・メモリが有利です.

●電圧感度とA-D変換器のビット数の関係

　図E.1はオール・イン・ワン計測器の構成です. 周波数帯域，最高サンプル・レートともに低い反面，電圧分解能の高いA-D変換器を搭載しています. ただし入力信号はバッファ・アンプ経由でダイレクトにA-D変換器に入ります.

　A-D変換器の入力レンジを越える（Volts/div設定が大きい）設定では10：1のアッテネータが入ります. 逆にmVオーダの高感度設定では拡大表示になり，A-D変換器の階段が目立ってきます.

　図E.2は単体オシロスコープの構成です. A-D変換器の高速性が優先され，電圧分解能は8ビットが主流で，最近は12ビット機も登場しています. A-D変換器の前にアッテネータと増幅器を備えているため，入力信号レベルをA-D変換器の入力レンジに合わせることで，どの電圧感度でも電圧分解能を保っています. ただし，最高感度では拡大表示する製品もあります.

　また，ノイズや異常波形の観測には，波形を速く更新表示できる能力が必要ですが，すべてを内部で処理できる点で，単体オシロスコープが優れています.

第14章
アクティブ・プローブの正しい使い方

14.1 アクティブ・プローブの基礎知識

補正された標準プローブを適切に使用すればかなり正しい計測が行えます．それでも入力インピーダンス，特に入力容量は10 pF程度であっても，被測定回路に与える影響は無視できません．

しかも，プローブの周波数帯域は25 Ωソース・インピーダンスで定義されています．回路のインピーダンスがこれより高い場合が多く，実際の周波数帯域はプローブの入力容量の影響で低くなることもあります．

著者は，数十MHzを超える場合には，標準プローブでは性能不足になる可能性が高いと感じています．決して安価なものではありませんが，アクティブ電圧プローブをもっと活用しましょう．

アクティブ電圧プローブは以前，入力段にFETを使っていたことから「FETプローブ」と呼ばれることがあります．

現在では，必ずしもFETを使用しているとは限らないため，アクティブ（能動）素子を使用しているという意味でアクティブ・プローブと呼ばれます．

14.1.1 内部構成

アクティブ電圧プローブの構成図を図14.1に示します．

プローブ先端部（プローブ・ボディ）にアンプが入っています．入力部には入力感度を適正にするためのアッテネータ部があります．

アンプの出力は低い出力インピーダンスを持っており，50 Ωの伝送路（同軸ケーブル）でオシロスコープ入力部まで信号を伝えます．オシロスコープの入力インピーダンスは50 Ωで使用します．

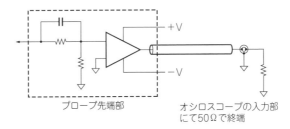

図14.1 アクティブ・プローブの内部構造

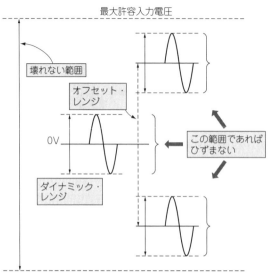

最大許容入力電圧

壊れない範囲

オフセット・
レンジ

0V

この範囲であれば
ひずまない

ダイナミック・
レンジ

図14.2　オフセットをうまく使って信号をアクティブ・プローブのダイナミック・レンジに収めて測る

14.1.2　メリット/デメリット

　アクティブ電圧プローブのメリットは，低入力容量により被測定回路に与える影響が小さいということです．つまり，より本来の波形に近い表示ができるということです．

　しかし，デメリットもあります．先端部分にアンプを持っているため，入力できる信号の振幅（ダイナミック・レンジ）に制限があるということです．

　ただし，多くのアクティブ・プローブにはオフセット機能が搭載されています．オフセットをうまく使えば**図14.2**のように信号をダイナミック・レンジ内に収めることができます．

14.2　アクティブ・プローブによる波形の測り方

14.2.1　最短のリード線で接続する

　アクティブ電圧プローブは入力容量が少ないためにグラウンド・リードの影響で発生するリンギングを抑えることができます．しかし，プローブを当てる際には最短のリード線を使うことが大切です．リード線がアンテナとして動作してしまい，周りの電波を受けてしまうことがあるからです．

　実際にあった例ですが，アベレージをうまくかけたいという相談がありました．アベレージをかけたい理由は，アクティブ電圧プローブのノイズが多くて困っているためでした．

　実際にようすを見てみると，**図14.3**のようにプローブを接続するためにICのピンに数cmのリード線をはんだ付けし，そこにアクティブ電圧プローブを接続していました．これではリード線が周辺機器から発せられるノイズを捕えてしまいます．

　結局は，**図14.4**のようにプローブ先端を差し込めるアクセサリのソケットを被測定個所にはんだ付けして，アベレージをかけなくても安定した波形観測が行えました．

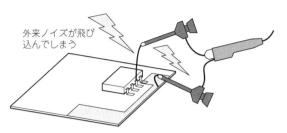

外来ノイズが飛び
込んでしまう

図14.3　延長リードはアンテナになってしまう

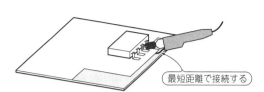

最短距離で接続する

図14.4　最短の接続で安定した計測が可能になる

14.2.2　アクティブ電圧プローブでもうまく測れないケース

　より正確な測定が期待できるアクティブ電圧プローブですが,それでも対応しにくい場合があります.

　アクティブ電圧プローブの入力容量は1p～2pF程度と大変小さいのですが,入力抵抗は高くても1MΩです.100kΩ程度の製品も少なくありません.これはほとんどの場合には問題になりませんが,入力抵抗の値が問題になる場合があります.

　例えば,CMOSで構成された水晶発振回路のゲート電圧を正確に測定しようとしても,回路の入力インピーダンスが大変高いために現在市販されているアクティブ電圧プローブでは困難です.

　また,液晶のバックライト回路のような高圧回路も同様に内部インピーダンスが高いために,測定に注意が求められるケースです.

　被測定電圧が高い場合は,100:1の減衰比を持つ高電圧プローブを使用します.高電圧プローブは標準プローブと同じくパッシブ(受動)型ですが,入力容量は1pF程度になります.

　しかし,このように小さな容量でも被測定回路には影響があり,プローブを取り付ける向きでも回路の動作が変わってしまうことがあります.

14.3　とにかくアクティブ・プローブは破損に注意!

14.3.1　静電気に弱い

　ダイナミック・レンジを超える信号が入力された場合にはひずみが生じます.また,過度に大きな電圧が入力された場合にはアンプが損傷することもあります.

　また,故意に過大電圧を加えていなくても,気がつかないうちに壊してしまうことがあります.それは静電気によるESD(Electro Static Discharge)です.

　多くの半導体が静電気に弱いということは,アクティブ電圧プローブについても同じことが言えます.

　静電気自体が持つエネルギは大きなものではありませんが,放電する際には通過する部分でエネルギが熱に変わります.この熱が半導体デバイス内部の配線を焼いていきます.1回の放電で焼き切れなくても,繰り返し放電が起こることで最終的には断線してしまいます.

　ある日突然,プローブが使えなくなった,というのはたぶんこの現象が起こったのだろうと思われます.

　この事故を防ぐにはESD対策を行うことです.

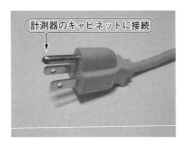

写真14.1　3ピンの電源プラグ

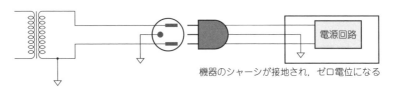

機器のシャーシが接地され，ゼロ電位になる

図14.5　商用電源は片方が接地されている

14.3.2　商用電源には極性がある！

● 電源のグラウンドと商用電源の接続

　さらにもう一つの原因が考えられます．それは電源のグラウンドの問題です．

　計測器の電源プラグを見ると**写真14.1**のような「3ピン」になっています．真ん中の丸いピンは計測器本体のキャビネットに接続されています．計測器が接続されている電源コンセントが3ピンであれば（そしてまちがいなく配線が施工されていれば），計測器のキャビネットは対地アースに接続されてゼロ電位になります．

● 商用電源のホット（非接地），コールド（接地）の確認

　さて，日本の商用電源は**図14.5**のように片方が対地に接地されています．このことは簡単に確認できます．

　図14.6のようにディジタル・マルチメータをAC電圧モードにして，テスタ棒先端の片方を手で触ります（人間の体がアース電位と考える）．もう片方の測定リードをコンセント接続して電圧を測ると片方がほぼ0V，もう片方が約100Vになります．

　コンセントをよく見ると差し込みの片方が長くなっており，こちら側が電圧の低いコールド（接地）側で対地アースです．反対側がホット（非接地）側です．

● シャーシ・グラウンドは接地する

　日本で流通している家電製品のプラグは2ピンがほとんどです．しかも，形状的にホット，コールドの区別がないか，分かりにくい形状になっています．ほとんどの場合，ホット，コールドの意識なしで使っていると思います．

　しかし，簡単な実験で意外な事実が分かります．2ピンの電源ケーブルを持つ電子機器を，ほかに何も接続されていない状態で電源プラグをコンセントに差し込み動作させます．

　図14.7のようにディジタル・マルチメータをAC電圧モードにして，片方のテスタ棒の先端を手で触

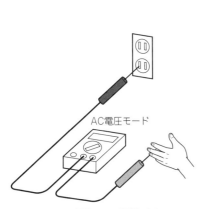

図14.6 商用電源には極性がある

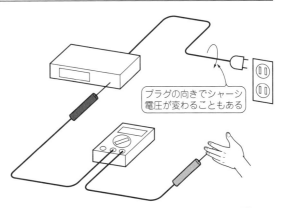

図14.7 商用電源のとり方によってシャーシに電圧が発生する

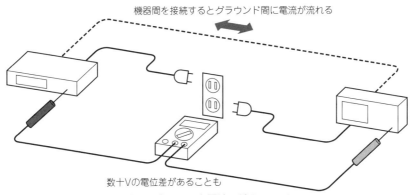

図14.8 シャーシ間電位差はなくなっても電流は流れている

れます．もう片方のテスタ棒で電気機器のシャーシ（金属部）に触れます．そのまま電源プラグの向きを入れ替えて差し込むと，数十Vの電圧が測定されます．

　もし，オシロスコープと被計測機器のグラウンドが別電位を持っていたとすると，これは大変に具合が悪いことになります．電位差を持った機器どうしを接続すると，その瞬間にこの電位差はなくなりますが，実際には**図14.8**のように接続ケーブルのグラウンド側に常に電流が流れ込んでいることになります．

　さらに問題なのは，この電位差がアクティブ電圧プローブに加わる可能性があるということです．プローブを接続する場合は先にグラウンド線を接続すれば，電流が流れることはあっても被測定回路とオシロスコープのグラウンドは同電位になります．しかし，もし先にプローブ先端を接続したら，プローブには過大な電圧が加わることになります．

　さらに差動プローブだったら…破損する可能性があり，この状況は決して好ましくありません．

　必ず接地された状態で使いましょう．

プロ仕様…「製品の造り」を見抜く力

測定器にプロ仕様，アマチュア仕様というはっきりした区分けがあるわけではありませんが，筆者なりに感じていることがあります．それは「信頼性」です．

- 長期間，安定した性能が維持できるのか
- メーカの校正サービスがしっかりしているのか
- 温度範囲や湿度などの環境が考えられているか
- 確度のトレーサビリティがとれているのか

プロは仕事として計測器を使います．ですから自分が行った測定結果について信頼できなければなりませんし，取り引き先に提出するデータの確度についての裏付けも必要になります．そのためには，国家標準とのトレーサビリティが取れていることが大切です．

これらについてはロー・コストの製品，ハイ・エンドの製品の区別はありません．

製品の作り込みについてもプロ仕様は異なります．例えば入力のBNCコネクタのメスの金属部品を見てください．信頼性・耐久性に優れた製品にはワイン・グラスの形をした金メッキの部品が使われていて，長期間の使用を考慮した設計がなされています．

また最近の計測器，特にオシロスコープは小型・軽量化が顕著ですが，性能の面から見ると問題がまったくないわけではありません．

確かにスペック上は性能に問題はありませんが，実際に使用してみると気になる部分も出てきます．

例えばチャネル間の信号の漏れ込みです．高周波になると程度の差はあっても見られる現象ですが，サイズが小さいほど，影響は出やすくなります．

このような「製品の造り」を見抜く必要があると思います．

■ 著者略歴

天野 典 (あまの・みのり)

1955年　東京生まれ

1978年　東京農工大学電子工学科卒業

1978年　計測器メーカに入社

以来30余年，電子計測にたずさわる

◈ 参考文献 ◈

第8章　表8.1　Instructions，P2220 200 MHz 1X/10X Passive Probe　071-1464-00，Tektronix, Inc.

第9章　　　　TCPA300/400増幅器およびTCP300/400シリーズAC/DC電流プローブ　取扱説明書　071-1184-04，Tektronix, Inc.

　本書は月刊 "トランジスタ技術" 2009年1月号から2009年11月号まで掲載された，連載「合点！ オシロスコープ入門」の内容を再編集・加筆してまとめたものです．

改訂新版 ディジタル・オシロスコープ実践活用法

2010 年 5 月 15 日　初版発行
2020 年 4 月 1 日　第 7 版発行
2024 年 5 月 15 日　改訂第 1 版発行

© 天野 典 2024
（無断転載を禁じます）

著　者　天野　　典
発行人　櫻　田　洋　一
発行所　CQ出版株式会社
東京都文京区千石 4 - 29 - 14（〒 112-8619）
☎ 03-5395-2123（出版部）
☎ 03-5395-2141（販売部）

定価はカバーに表示してあります．
ISBN978-4-7898-4968-5

乱丁・落丁本はご面倒でも小社宛てにお送りください．
送料小社負担にてお取り替えいたします．

編集担当者　上村 剛士，小串 伸一
本文 DTP　西澤 賢一郎
印刷・製本　三共グラフィック株式会社
Printed in Japan